U0155932

学科融合·多元探索

——北京林业大学·北方工业大学·北京交通大学

2019三校联合毕业设计作品集

主　编：郑小东　段　威

副主编：钱　毅　张育南　董　璁　郦大方　钱　云

中国建筑工业出版社

图书在版编目（CIP）数据

学科融合·多元探索：北京林业大学·北方工业大学·北京交通大学2019三校联合毕业设计作品集 / 郑小东，段威主编. —北京：中国建筑工业出版社，2020.4

ISBN 978-7-112-24839-1

Ⅰ.①学… Ⅱ.①郑… ②段… Ⅲ.①建筑设计 — 作品集 — 中国 — 现代 Ⅳ.① TU206

中国版本图书馆CIP数据核字（2020）第024692号

责任编辑：张 明
责任校对：李欣慰

学科融合·多元探索

——北京林业大学 · 北方工业大学 · 北京交通大学2019三校联合毕业设计作品集

主 编：郑小东 段 威
副主编：钱 毅 张育南 董 璁 郦大方 钱 云

*

中国建筑工业出版社出版、发行（北京海淀三里河路9号）
各地新华书店、建筑书店经销
北京建筑工业印刷厂制版
北京富诚彩色印刷有限公司印刷

*

开本：787×1092毫米 1/16 印张：8¼ 字数：225千字
2020年5月第一版 2020年5月第一次印刷
定价：**98.00**元
ISBN 978-7-112-24839-1
（35341）

本书编委会

北京林业大学： 董　璁　郑小东　段　威　郦大方
　　　　　　　　钱　云　曾洪立　赵　辉　姚　璐

北方工业大学： 钱　毅　杨绪波　胡　燕　王小斌
　　　　　　　　袁　琳　孙　帅　张　晋

北京交通大学： 张育南　潘　曦　王　鑫

北京林业大学教育教学研究项目 BJFU2019JY024
北京林业大学建设世界一流学科和特色发展引导专项资金资助（风景园林学）
中央高校基本科研业务费专项资金资助（2018ZY10）

序

　　不知不觉，北京林业大学园林学院与北京交通大学建筑与艺术学院、北方工业大学建筑与艺术学院开展的三校本科联合毕业设计已经来到了第四年。

　　在设计题目的选择上，这几年的毕业设计体现出了一致性和连贯性。从 2016 年的"浙江省兰溪市黄漾村村落有机更新与建筑设计"，2017 年的"北京大栅栏历史街区景观环境修复提升与建筑利用和更新设计"，2018 年的"新时代北京三山五园的保护与发展的多元思考"，一直到 2019 年的"古镇常新：长辛店片区城市环境更新规划设计"，这些题目无一例外都体现出了专业拓展和学科交叉的特征。从宏观尺度的城乡规划和风景园林规划，到中观尺度的城市设计，再到微观尺度的园林设计和建筑设计，既尊重了三个学校师生的不同专业背景，又为跨学科的学习和交流提供了可能。

　　三所学校的教师之间，通过频繁的联合教学与学术交流，建立起了强有力的联系，不同学科、不同专业之间互通有无、相互促进。

　　三所学校的学生之间，通过前期的联合调研以及后期的评图、答辩环节，也建立起了深厚的友谊，极大地提高了学生们参与毕业设计的主动性和积极性，充分激发了学生的创造力、锻炼了学生的研究和设计精神。

　　经过这几年的摸索，三校联合毕业设计已初步建立起一套行之有效的教学方案，形成了较为系统的联合教学模式，提高了教学效率，提升了教学质量，并取得了丰硕的成果。祝三校联合毕业设计越办越好！

2019 年冬

目　录

序

2019

古镇"常新"
——长辛店片区城市环境更新规划设计

命题人：北京林业大学　钱　云

　　长辛店是永定河西侧的一个历史古镇，历史上是北京城经由卢沟桥去往保定、开封、汉口方向的"九省御路"要津，历代均为商贸繁盛之地。

　　20 世纪初，京汉铁路通车后，长辛店作为大站之一，是机车厂（即后来的二七机车厂）、车务段等多个铁路相关机构聚集地，是中国共产党最早建立工会组织、发动"二七大罢工"的重要代表地之一。新中国成立后，长辛店商业与工业发展并存，人口持续增多。相当数量有历史意义的建筑物均保留至今，但大多转为其他用途，保存状况一般。近年来随着工业生产逐渐迁出及对外交通不再便利，整个老镇走向衰败，房屋质量较差，基础设施老化，环境风貌混乱。

　　现状长辛店老镇更新计划已启动，本着自愿的原则，大多数原住户已迁出，未来老镇将以局部整体更新与大部微更新相结合的方式，在保持整体历史风貌的前提下，实现业态更新升级、基础设施完善和环境质量提升，并伴随新的住户的迁入，实现老镇的全面复兴。

长辛店实景图

本次联合毕业设计，旨在组织各相关专业学生，在涉及多个领域的教师和专家团队的带领下，以"古镇常新——长辛店的乡愁与新生"为主题，共同探讨长辛店老镇及周边地区保护、更新与可持续发展的综合策略，并结合自身专业特长和兴趣，选择合适的局部地段开展设计，最终形成一个理想与现实、远景与近期相结合的规划设计成果，即以"宏观策略+建议项目库"的形式前述主题成为既有前瞻性、又有可实施性的行动计划。

指导教师：
北京林业大学：董璁、郑小东、段威、郦大方、钱云、曾洪立、赵辉、姚璐等；
北京交通大学：张育南、潘曦、王鑫等；
北方工业大学：钱毅、王小斌、胡燕、袁琳、孙帅、张晋、杨绪波等。

参与学生：三校建筑学、城乡规划、风景园林、环境艺术等专业本科毕业生。
周期：12周左右（2019年3月初启动，4月下旬中期交流，5月底终期评图）。

北京长辛店片区更新规划及老镇北区更新设计

组员：杨若凡、杨轶伦、杨丹、孙晓慧、张撼之、牛子琪　　　指导教师：段威、钱云

■ 区域分析

区位

　　长辛店片区位于北京市丰台区永定河西岸，卢沟桥畔，距天安门约19km。基地面积58km²，下设23个社区居委会，居民7.9万人，属城乡结合部。

　　基地范围包含长辛店古镇，是西南距京城最近的古驿站，西南进京的必经要道"九省御路"的重要结点。

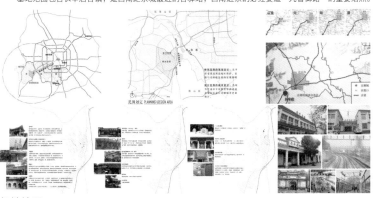

场地地形

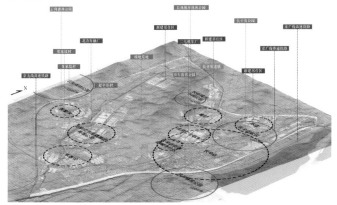

上位规划

■ 现状调研分析

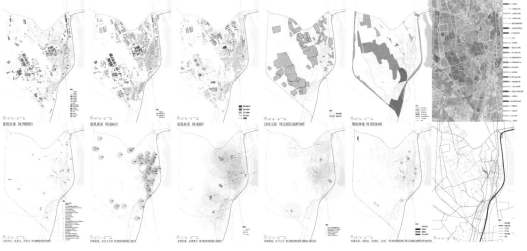

3

■ 历史沿革与价值特色分析

长辛店形成于渡口驿站，因铁路工业而兴起，在计划经济时期繁荣，又因计划经济面临套置，如今在高度单一的产业结构下，率以抵挡产业升级带来的剧变。

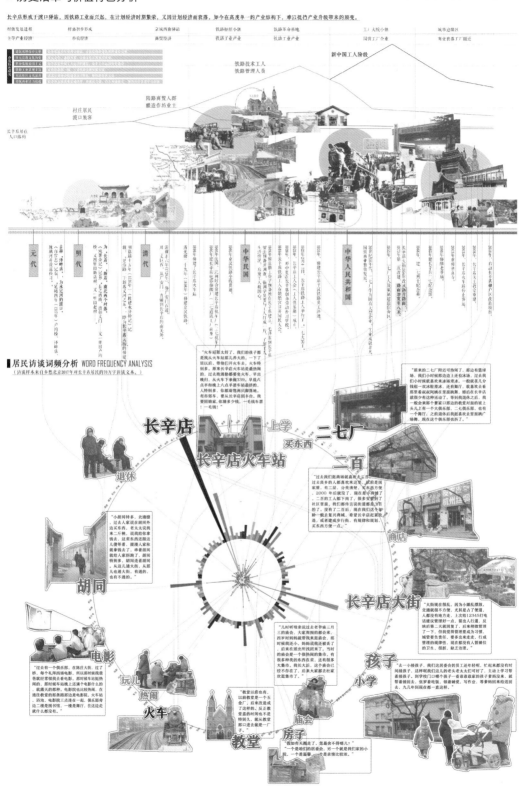

居民访谈词频分析 WORD FREQUENCY ANALYSIS

■ 规划策略

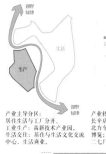

产业主导分区：
居住生活与工厂分开。
工业产业：高新技术产业园。
生活交往：居住与生活文化交流中心、生活商业。

产业转型升级：
长辛店老镇-历史文化街区；
北方车辆厂-高新指挥交通与机车博览。
二七厂-文创艺术生活。

完善交通体系：
提升西北部道路等级，完善公共交通，增加慢行系统。

生态绿地提升：
围绕中央生态绿地，整合南北部的碎片绿地，提升郊野生态绿地品质，沿河流、铁路线打造生态廊道。

提高生活品质：
以中央生态绿地为核心，在周边增设社区公园，建设社区综合体。

提升地区特色：
以长辛店老镇、二七厂、北方车辆厂三个核心提升高新产业、综合商业、历史文化产业，创造出具有场所特征的城市环境，提高城市识别性。

规划交通 TRAFFIC SYSTEM PLAN

规划结构 PLANNING STRUCTURE

SWOT 分析

■ 优势

长辛店地区自然山水环境良好，西侧毗邻云岗森林公园、北宫国家森林公园、南宫旅游景区，东侧紧邻永定河与大宁水库，区域中央有大面积生态绿地，有两条河流穿过。地区工业产业基础雄厚，工业历史悠久，有特色的工业文化遗产。长辛店老镇价值特色突出，生活氛围浓厚。是红色革命、多元宗教、传统商贸历史多元文化并存的古镇。基地范围内有众多历史文化建筑，历史遗产保护较完整。

■ 劣势

长辛店地区位于城市边缘区，城郊居住环境差，部分低矮建筑质量较差，基础设施较少，分布不均，居民公共活动空间较少，生活环境较差。长辛店老镇的部分传统产业外迁或停产，老镇内部商业逐渐衰落。区域内公共交通方式单一，且对外公共交通不便利。内部路网结构不完整，断头路较多，道路界面不整齐。

■ 机遇

该地区位于"永定河绿色生态发展带"、"青龙镇—长辛店会展旅游休闲区"等重要规划区位中。城郊轻轨在规划建设中。发展历史文化保护对区域文化特色有较大提升。

■ 挑战

重工业产业亟待转型提升。城郊道路路网结构混乱，且地块被铁路分割，对场地地块的功能布局、建筑建设，以及交通的规划构成挑战。且规划应当注重工业遗产、历史文化遗产的保护和利用，及其与周边建筑和环境的协调。

规划定位

北京市的机车博览中心；
北京市智慧交通高新技术园区；
北京市的历史文化创意园区；
永定河西的生态居住社区。

■ 设计场地现状

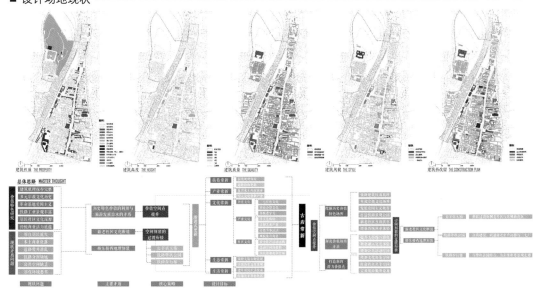

建筑产权 THE PROPERTY　建筑高度 THE HEIGHT　建筑质量 THE QUALITY　建筑风貌 THE STYLE　建筑拆改留 THE CONSTRUCTION PLAN

总体思路 MASTER THOUGHT

■ 总平面图

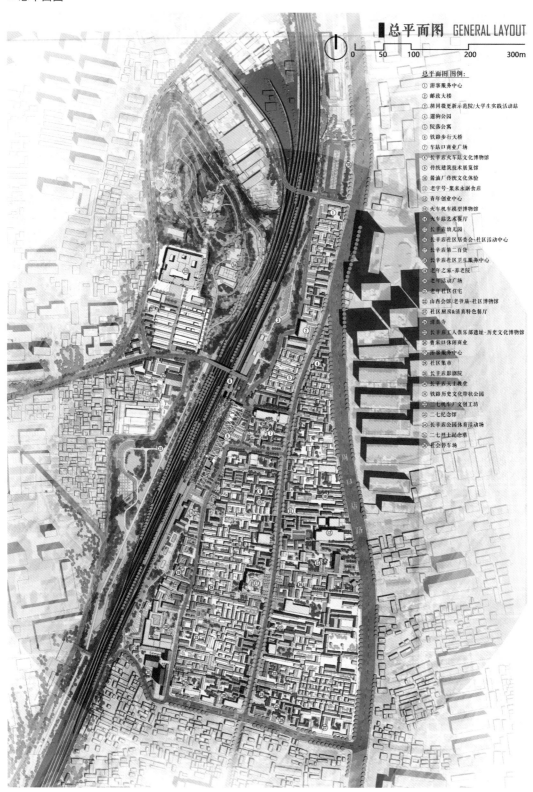

总平面图 GENERAL LAYOUT

0　50　100　　200　　300m

总平面图 图例:
① 游客服务中心
② 邮政大楼
③ 胡同微更新示范院/大学生实践活动站
④ 遛狗公园
⑤ 院落公寓
⑥ 铁路步行天桥
⑦ 车站口商业广场
⑧ 长辛店火车站文化博物馆
⑨ 传统建筑技术展览馆
⑩ 酱油厂传统文化体验
⑪ 老字号-聚来永副食店
⑫ 青年创业中心
⑬ 火车机车模型博物馆
⑭ 火车站艺术餐厅
⑮ 长辛店幼儿园
⑯ 长辛店社区居委会+社区活动中心
⑰ 长辛店第二百货
⑱ 长辛店社区卫生生服务中心
⑲ 老年之家-养老院
⑳ 老年活动广场
㉑ 老年社区住宅
㉒ 山西会馆/老爷庙-社区博物馆
㉓ 社区厨房&清真特色餐厅
㉔ 清真寺
㉕ 长辛店工人俱乐部遗址-历史文化博物馆
㉖ 曹家口休闲商业
㉗ 游客服务中心
㉘ 社区集市
㉙ 长辛店影剧院
㉚ 长辛店天主教堂
㉛ 铁路历史文化带状公园
㉜ 二七机车厂文创工坊
㉝ 二七纪念馆
㉞ 长辛店公园体育活动场
㉟ 二七烈士起念碑
㊱ 井会停车场

■ 设计思路

■ 方案生成 DESIGN STEPS
1. 总体策略 MASTER STRATEGY

■ 空间分析 SPACE ANALYSIS

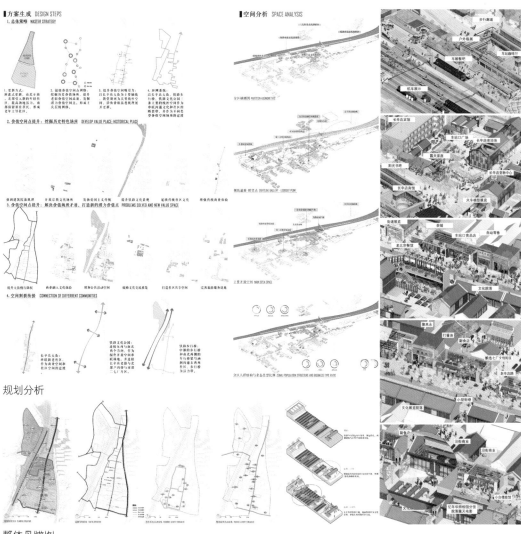

规划分析

整体鸟瞰图

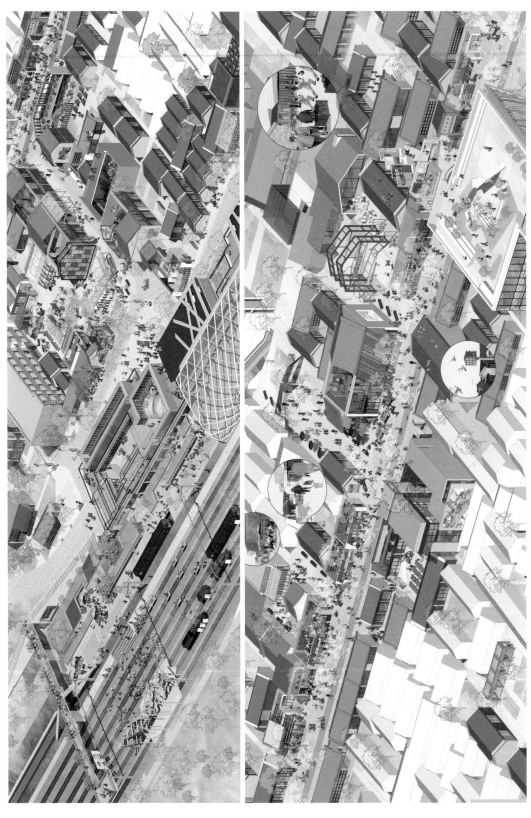

■ 建筑设计

区位分析　　　　　　　　现状分析

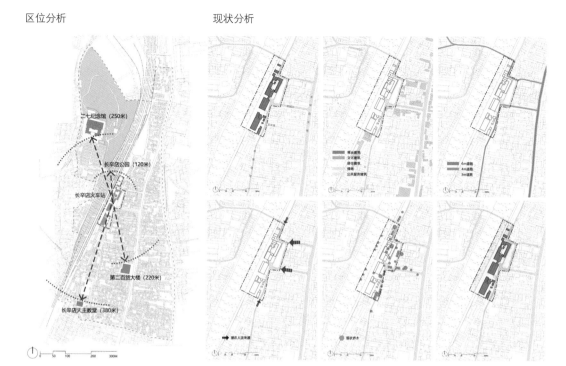

　　无论从历史意义还是空间存在角度来看，长辛店火车站都是长辛店老镇更新改造的重要节点之一。设计尝试运用"城市针灸"理论，以上位规划和前期分析为依据，以建筑和景观设计为手段，为火车站注入新的内涵，同时作为对上位规划的补充。设计任务包括火车站建筑改造设计和火车站周边地区景观设计两个部分。

改造思路

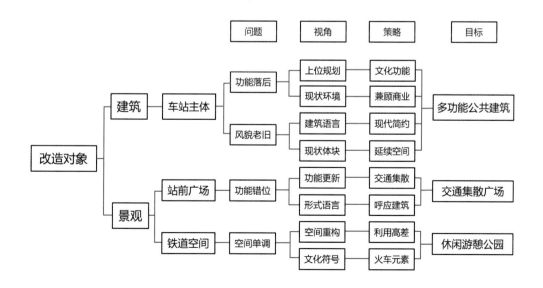

总平面图 一层平面图 二层平面图

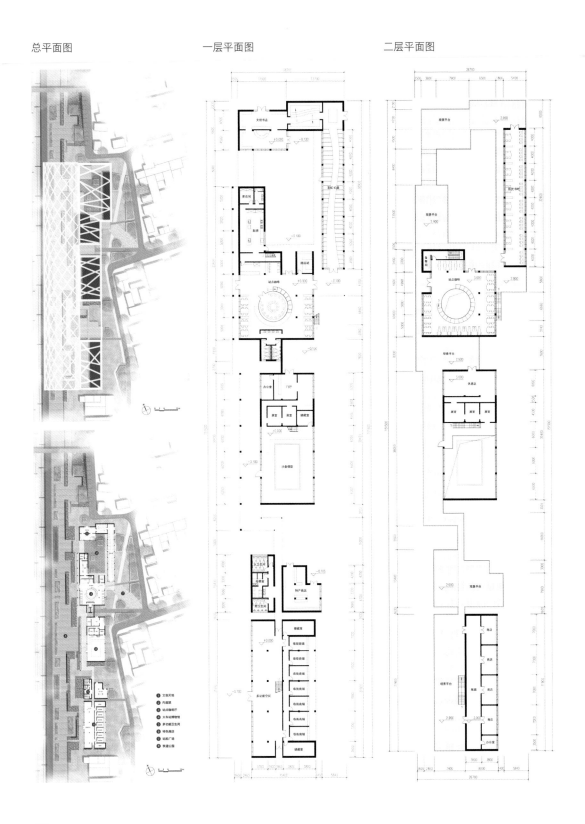

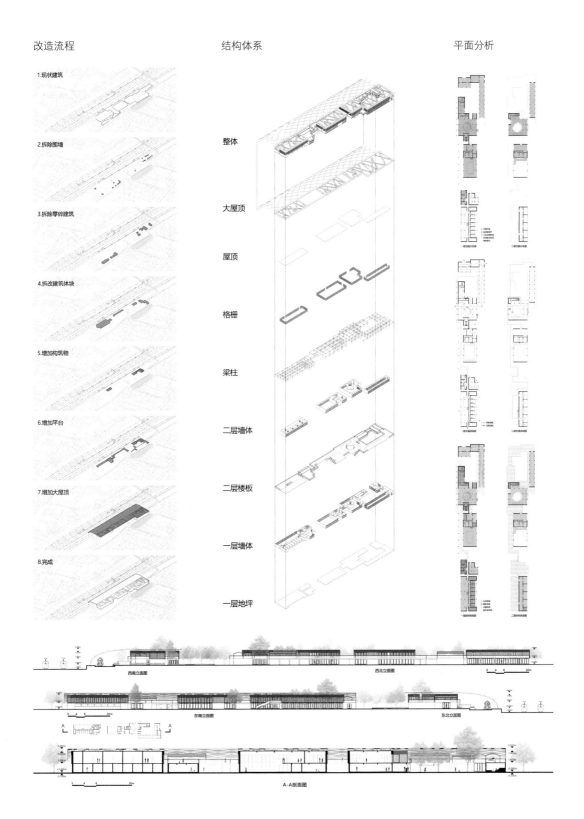

改造流程

1.现状建筑

2.拆除围墙

3.拆除零碎建筑

4.拆改建筑体块

5.增加构筑物

6.增加平台

7.增加大屋顶

8.完成

结构体系

整体

大屋顶

屋顶

格栅

梁柱

二层墙体

二层楼板

一层墙体

一层地坪

平面分析

西南立面图

西北立面图

东南立面图

东北立面图

A-A剖面图

■ 景观设计

改造流程

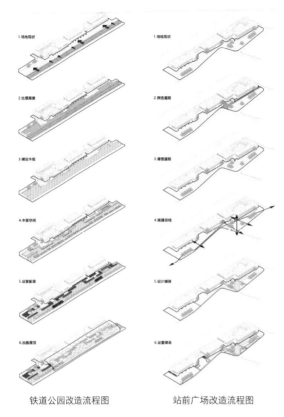

1.场地现状
2.处理屋盖
3.铺设木板
4.丰富空间
5.设置配景
6.加盖屋顶

铁道公园改造流程图

1.场地现状
2.拆造道路
3.清理道路
4.增接径线
5.设计铺装
6.设置绿岛

站前广场改造流程图

平面分析

生态设计

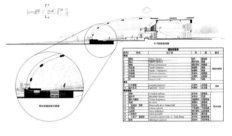

景观设计，考虑拆除场地西侧的两股铁轨，将其纳入设计范围，结合上位绿地系统规划，打造以游憩活动为主的铁道主题带状公园。设计充分利用站台和铁轨之间的现存高差，营造丰富的空间体验，同时植入火车文化元素，延续场地文脉和历史记忆。

整体鸟瞰

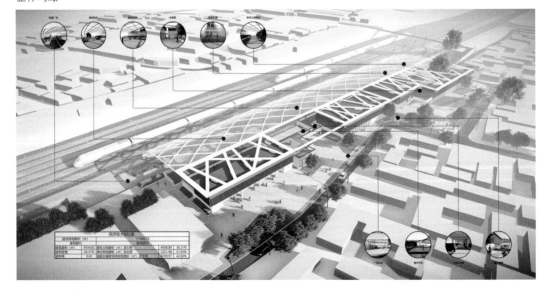

北京长辛店片区更新规划及二七厂东片区改造设计

组员：董雨菲、程瑜佳、程贺、向舒婷、陈若琪　　　指导教师：郦大方、郑小东、钱云、曾洪立

■ 现状调研分析

区位分析

交通区位：长辛店位于北京西南五环外，永定河西岸，毗邻京港澳高速，是西山永定河文化带上的重要节点。

经济区位：处于城乡接合部经济产业发展落后，内部产业为军民融合的重工业、生活服务业，缺乏大型商业综合体。

依河而建镇，因"九省御路"而兴商贾，在铁路交通时期极致繁荣。而后由盛转衰，是城而非城。

长辛店街道，常驻人口10万余人，估计研究范围内辐射人口3万左右。人口特点"三高"——外来人口比例高，老年人比例高，失业率高。

历史沿革

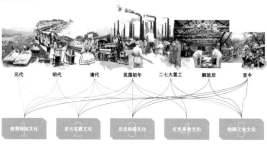

上位规划

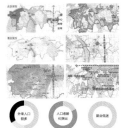

外来人员务工子女所占比例是所有生源的近6成，以租房为主，且居住条件相对较差，缺少基本公共空间和设施。

长辛店老龄化日益突出。长辛店低学历人口、非正规就业人口比例较高，镇政府发放就业补助、创业补助等。

现状分析

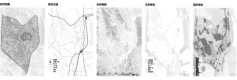

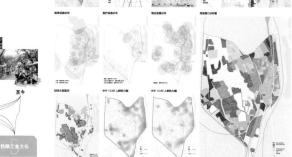

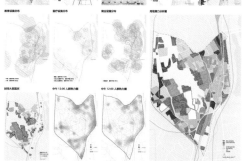

北京长辛店片区更新规划及二七厂东片区改造设计

■ 现状调研分析

区位分析与上位规划

历史元素分析

场地外部分析

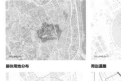

居住用地分布　　周边道路　　周边用地

场地内部分析

建筑高度　　建筑功能　　拆改留

人群分析

SWOT 分析

■ 目标与策略

思路梳理

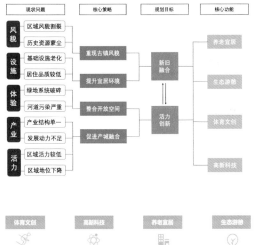

发展策略

重现古镇风貌　提升宜居环境　整合开放空间　促进产城融合

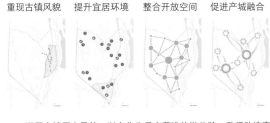

　　还原古镇历史风貌，以文化为重点营造旅游体验；升级改造商业结构，以民俗为核心建设传统街区。还迁部分原住居民，以养老为重点提升居住品质；建设提升基础设施，以智能为亮点提升镇位价值。修复环境水系水质，以河道为轴线缝合城市景观；设计绿色开放系统，以绿楔为中心融合体育健身。调整单一产业结构，以智造为目标打造现代高新区；利用现有工业遗址，以冬奥为契机注入城市新活力。

　　规划目标：以复兴古镇、二七厂为核心，以体育文创、高新科技、生态游憩、养老宜居为支撑的"2+4"发展模式，构建新旧融合、活力创新长辛店。

■ 现状调研分析

建筑改造策略

■ 规划与愿景

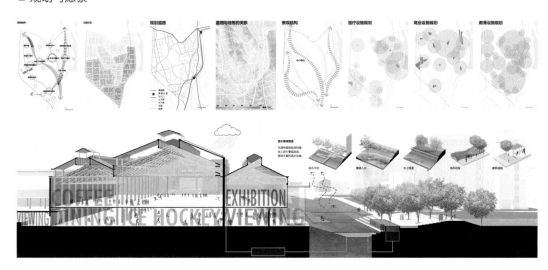

■ 规划与愿景

方案生成

人群需求分析

规划结构

三轴: 沿九子河为生态景观轴, 缝合两岸景观, 沿工厂的横轴为体育产业轴, 植入冰雪运动主题带动区域发展。沿铁轨为铁路文化轴。延续二七厂的记忆, 保留特色文化。
一楔: 引入西侧坡地景观, 形成生态绿楔。

平面图

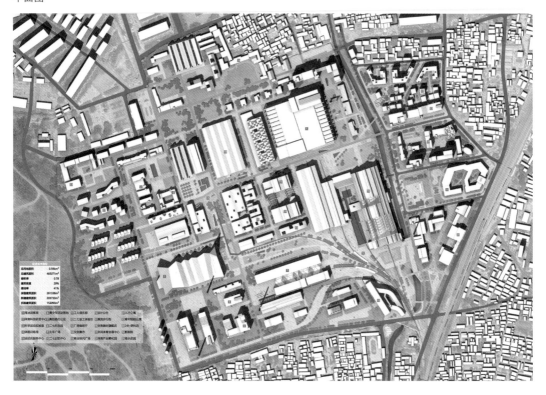

鸟瞰图

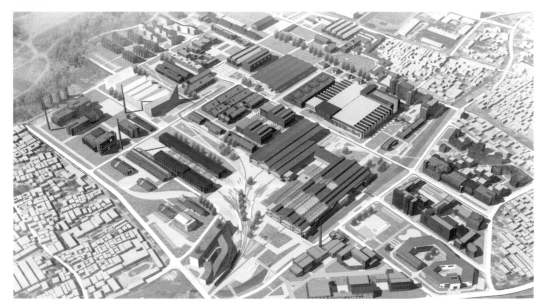

■ 建筑设计

方案生成　　　　策略分析　　　　　　　　　　　　　　　结构及流线分析

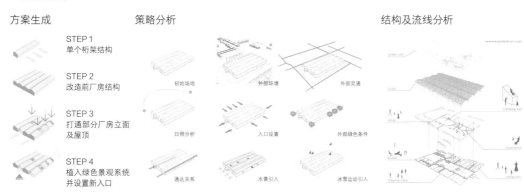

STEP 1
单个桁架结构

STEP 2
改造前厂房结构

STEP 3
打通部分厂房立面
及屋顶

STEP 4
植入绿色景观系统
并设置新入口

初始场地　　　　外部环境　　　　外部交通

日照分析　　　　入口设置　　　　外部绿色条件

通达关系　　　　水景引入　　　　冰雪运动引入

总平面图　　　　　　步行街景观单元分析

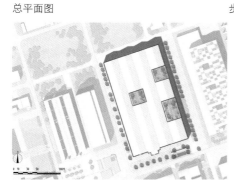

效果图

一层平面图　　　　二层平面图　　　　剖面图

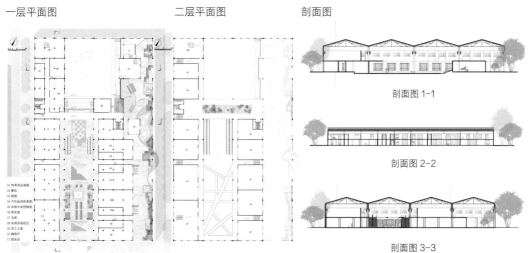

剖面图 1-1

剖面图 2-2

剖面图 3-3

北京长辛店片区更新规划及二七厂东片区改造设计

鸟瞰图

　　选取二七厂中部的一个大型厂房进行改造设计，由于其位于上位规划中的商业区，最终确定建筑的定位为冰雪运动用品旗舰店。建筑的主体功能为售卖，同时还承担餐饮、办公、体育活动、集会等功能。改造延续厂房原有结构，充分尊重现状，对原本大尺度的空间进行部分分层的处理。为了增强顾客的购物体验性，增加了一系列的运动场地、设施，如体验冰场、攀岩墙、大型立体活动空间等。采用景观的手法对其进行改造，在建筑外立面进行绿化，内部做半室外的景观步行街及中庭。植物选取适合在室内生长，且具有一定观赏性的植物材料，此外，为了迎合冰雪运动主题，特别选取了一些冷色系植物做搭配，同时在配置时注重乔木、灌木、草本的结合。

结构演变　　　　综合分析　　　　　　　　　　　　空间分析

轴测图　　　　　　　　　　　　　　结构爆炸图

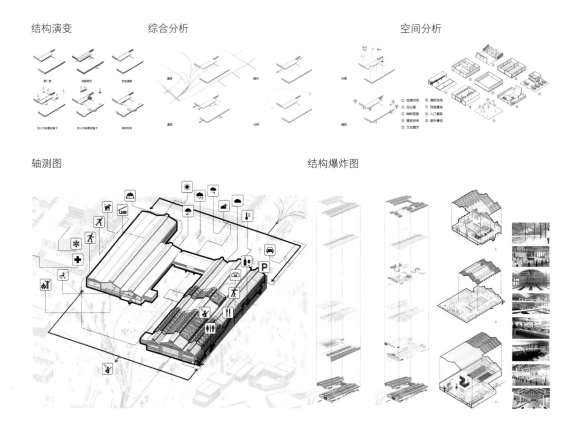

总平面图　　　剖透视图

一层平面图　　　　　二层平面图　　　　　立面图

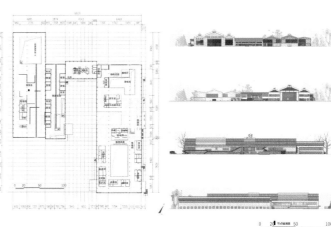

效果图

鸟瞰图

■ 景观设计

局部节点设计　　　　　　专项设计

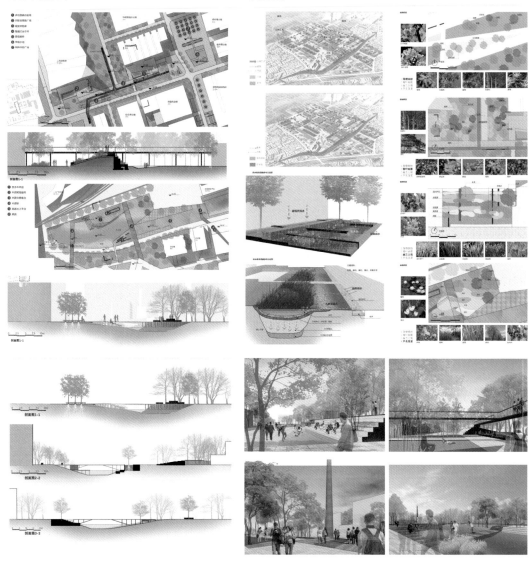

局部设计

　　滨水空间：场地内河面宽度在 6 ～ 12m，硬质驳岸高度约 3m，河道规模小，且两侧空间有限，驳岸边界距离西侧建筑的距离为 9 ～ 15m，虽距离西侧建筑较远，但为了满足通行需求必须留一条 5m 宽的车行道，因此河两岸的设计空间有限，整体空间感狭长。为了营造良好的生态环境，设计在距离超过 10m 的段落软化驳岸，形成自然驳岸，在小于 10m 的地方，以台阶为形式做硬质驳岸，同时承载休憩功能。场地河道南端车流量和人流量都偏大，且与铁轨群相邻，因此采取了在河道上建立面状木质铺装，形成涵洞景观，端头放大处设亲水平台。

　　九子书院：在九子河东侧儿童教育中心西侧，建立了一个配以庭院的书屋。一是服务周边居民，二是为活跃的场地提供一种相对安静的空间，带来更丰富的感受。通过地形塑造形成围合空间，沙庭树林，渲染静谧氛围。

　　商业休闲区：在购物中心，为了满足消费者在购物之余的休憩就餐要求，设置具有停留属性、能给人以安全感的休憩空间。在四栋商业楼中间形成一块长约 250m，宽约 45m 的带状空间，根据建筑的位置关系，将其规划为 4 个相对独立又错落有致的围合空间，通过不同高程的地形塑造围合空间，架立天桥，让游人既可以"纵观全局"，又可以"置身其中"。

北京长辛店片区更新规划及长辛店老镇东北部改造设计

组员：谷雨　　指导教师：钱云、赵辉

■ 摘要

本次设计任务为北京市丰台区长辛店街道及古镇的规划设计，设计主题为"肌"活"常"新，重点为地区建筑更新保护和文化挖掘展示。设计首先分析了长辛店街道范围内区域资源状况，从规划定位、规划策略、空间结构、功能分区和道路体系优化五方面对街道范围内的场地进行规划策划；其次，选取长辛店古镇 30hm² 核心地段进行详细设计。

■ 规划背景

区位分析

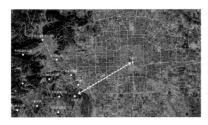

交通区位　　　行政区位

产业规划

长辛店位于北京市区西南侧，毗邻永定河，距北京中心城区 16～20km，东望永定河，西与门头沟、房山区相接，南有良乡机场，北有石景山区。长辛店是北京未经大规模开发的区域，原生地貌广阔，原生植被品种繁多，被誉为"河西走廊"，周边旅游景区较为多样。

规划地块位于大宁水库西侧，总面积 1218hm²。区域内有京广铁路和京九铁路穿过，周边京石高速与中心城区相连，地块内部的轨道交通可作为长辛店与周边地区联动的切入点；但对外公共交通较为不便，到达市中心需要 1.5 小时左右。

历史背景

长辛店老镇历史悠久，最早可追溯到近一千年前，元代称"泽畔店"，是中原进入北京的水上交通要道。明代逐渐形成长店和新店两个村落，是京城官府人士出京和外埠官吏进京歇脚之地，"车马常百计，夫皂不可量"，描述了当时商贾云集、酒肆林立的繁华景象。

1918 年和 1919 年，毛泽东同志曾经两次来到这里，宣传革命真理，播下革命火种。中国最早的工人劳动补习学校在此建立。著名的"二七大罢工"从这里燃起了星星之火。

北京长辛店片区更新规划及长辛店老镇东北部改造设计

多元文化

商贾驿站文化
作为"京郊第一站",沿长辛店主街两侧聚集了众多老字号商铺。

红色革命文化
古镇留存有二七大罢工、留法勤工俭学等重要革命历史以及,是工人运动的摇篮。

多元宗教文化
佛教、道教、伊斯兰教、基督教等多种宗教文化在长辛店生根发芽。

北方民俗文化
镇内保存有大量北方特色民居,原有极具特色的庙会文化。

工业铁路文化

北京胡同文化

长辛店文化特色较为多样,包含商贾驿站文化,佛教、道教、伊斯兰教、基督教等多元宗教文化,二七大罢工、留法勤工俭学等红色革命历史文化,二七机车厂、京广、京九铁路的工业铁路文化,北方特色民居民俗文化和北京胡同/街巷文化。

值得一提的是长辛店老镇的商贾驿站文化。历经数百年在永定河西岸形成了以"店"为名的古镇村落。

■ 基地现状

用地性质分析

规划地块外部西侧与农林用地相接,东侧为水域及铁路用地,北侧为城市建设用地,南侧为农业用地和城市建设用地。地块内部以居住用地、工业用地和绿地为主。

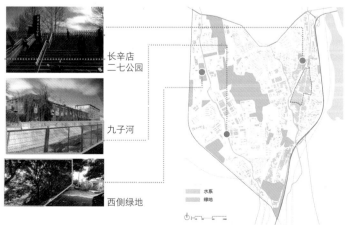

现状与规划土地利用图
《北京市丰台区土地利用总体规划
(2006-2020)》

绿地水系

场地内部自西北向东南存在连续的楔形绿地,东南侧位于场地中心,高差较大。部分绿地受到侵占,有加盖民房、工厂的现象。剩余绿地零散分布,主要位于场地西侧和南侧。场地内绿地除了长辛店公园外,并未作为开放绿地使用。

场地东侧为永定河和大宁水库,但中间有高速公路分隔,使得场地内部并不能享受到大面积水域带来的景观优势。场地内部有九子河和小清河,但仅作为防洪使用,河水几近干涸,两侧景观条件不佳。

长辛店二七公园

九子河

西侧绿地

水系
绿地

文物保护建筑

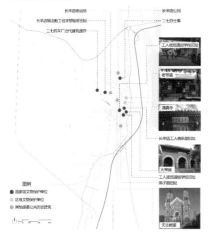

人群分布特征

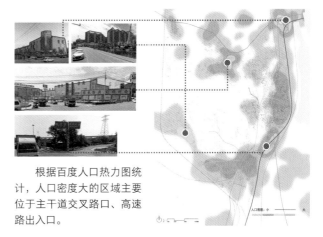

根据百度人口热力图统计，人口密度大的区域主要位于主干道交叉路口、高速路出入口。

目前地块内有国家级文保单位1处、区级文保单位2处、翻新重建的天主教堂1处。

经初步统计结构保留较好、有历史保留价值的房屋、院落35处。

其中最为密集的几个节点主要位于商业、交通枢纽（公交站、高速出入口）、高密度居住区等附近。

高程分析　道路交通　建筑质量　建筑高度　建筑功能

场地地势自西北向东南逐渐降低，场地内地势较高处几乎没有建筑，均为绿楔贯穿场地内部。

规划地块内部主要以居住用地、工业用地和绿地为主，用地性质全面，但服务类用地分布不均衡。

教育设施　医疗设施　垃圾 消防 污水　公共厕所

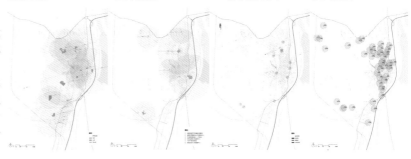

■ 问题总结

SWOT 分析

（1）良好的自然山水格局：东侧紧邻大宁水库，内部有两条河流经过；

（2）历史文化深厚：是北京遗留至今的千年古镇，当地文化多元，商贾文化、庙会文化、红色文化和民俗文化尤为突出；

（3）周边旅游资源丰富：距卢沟桥及抗日英雄雕塑园仅2km，同时外部联系园博园景区，与太子峪、李家峪等景区相距仅4km；

（4）历史文物众多：包含娘娘宫、老爷庙、火神庙、清真寺、天主教堂等多处文保建筑；

（5）建筑骨架完整：基本保留了自古以来的"五里长街"和"九省御道"的脉络。

WEAKNESS

（1）对外交通不便：无临近地铁站，大多数外部城区居民到达该处需 1.5h 以上，如何疏通对外交通联系成最大问题；

（2）产业落后，发展单一：该区域以传统式小商业为主，经济效益不高，对具有地方特色的饮食、民俗、工艺等没有展示；

（3）基础设施落后，建筑质量不佳：私搭乱建现象较为严重，标准的四合院空间未能完整保留；

（4）文物保护与开发不力：虽然镇内包含众多文物保护单位和历史建筑，但大多无实际应用，文化活动未得到传承；

（5）公共活动空间不足：场地内缺乏公共空间。

OPPORTUNITY

（1）北京城市新总规和城南计划：该区域位于上位规划中的永定河绿色生态发展带中，是未来规划发展的重点；

（2）长辛店更新计划支持：借助更新计划汇总各方改造意见，汇聚居民、政府、规划师、设计师等多方力量；

（3）民宿文化产业发展前景乐观：就长辛店当地的文化背景优势，可发展独具特色的民间手工艺产业，打造"商贾文化"、"庙会文化"的特色。

THREAT

（1）文化价值不突出：区域内随包含众多文物保护单位，但不具有独特性，缺少"品牌效应"；

（2）开发成本较高：现存大部分建筑质量较差，私搭乱建现象严重；

（3）当地劳动力缺失：青壮年劳动力外出工作，当地可利用劳动力有限；

（4）开发后本地居民与外来游客间的矛盾：现今设施主要以服务当地居民为主，若开发旅游业必定会引发当地居民与游客的矛盾。

■ 区域策划

规划策略解析

区域联动，树立丰台区域旅游整体形象

设置小火车联结周边景点，建立丰台区域旅游整体形象。利用现有铁路，连接丰台区主要景点以及长辛店镇。

古镇复兴，打造文化旅游新地标

长辛店古镇历史悠久，文化深厚，但现状不佳，难以吸引外来人群。修复古镇肌理，恢复古镇风貌成了首要任务。此外，还要复兴当地文化，可适当引入庙会、戏曲演出等文化项目，发展文化旅游。

产城融合，带动区域经济整体发展

引入古镇文化旅游、观光农业、高端制造、滨水商业、汽车极限运动等多项产业，为当地居民提供更多就业岗位，带动地区经济发展，加强长辛店对外吸引力。

绿廊引入，打造宜居生态城市

（1）河流治理与滨水景观打造：从邻近的永定河引水，并通过水生植物配置种植等方式净化水质，供游人休闲游憩。

（2）中心绿地优化与开发使用：由西北向东南引入并开发中央绿楔，改善整体生态环境，打造宜居生态城市。

通过引入国际设计周、艺术节等文化活动，引进文化机构和企业入驻，发挥文化产业对于挖掘历史文化价值，推动地区复兴。

参与方式	活动目的	活动内容	目标参与者
老街记忆展	认识老街的人文价值	心目中的长辛店老街地图（原来的居民、老住户、游客），并将优秀作品进行展览	丰台区文化旅游相关主管部门，居民
老街摄影展	认识老街人文和景观价值	组织摄影爱好者在拍摄老街，选择优秀作品进行展览形成老街历史风貌图集	丰台区文化旅游相关主管部门，居民
设计竞赛及方案展示	认识老街的改造可能性	以设计竞赛为支撑，在保护和发展平衡的前提下，提出老街公共空间，居民院落、单位大院改造的多种可能性	艺术家，文化企业，设计单位，居民代表和棚户区改造实施主体（房屋管理中心）
文化探访	借助区域文化资源优势，提升老街社会影响力	规划老街、园博园、卢沟桥、宛平城、首钢的京西文化徒步探访路线；组织相关团体和个人参加	NGO，丰台区文化旅游相关机构
艺术节	吸引艺术圈专业人士，聚集对艺术感兴趣的消费者群体	争取作为北京艺术节分会场	居民，艺术策展人，丰台区文化管理和招商引资相关部门
北京国际设计周	以文化价值复苏为核心，注重文化体验，挖掘民俗、创意文化潜质，同时注入时尚创意元素	设计之旅、限时商店、老镇市集、趣味活动、小型展览	艺术家，建筑师，文化企业，设计单位

旅游线路规划

红色路线为丰台区旅游小火车路线，利用现有铁路，连接了丰台区主要景点以及长辛店镇。站点依次为：稻田站、长辛店站、园博园站、北宫国家森林公园站、云冈森林公园站。

游客可由房山线稻田站换乘小火车，更加便利地到达丰台区各景点，增加丰台旅游吸引力。

规划结构

规划结构为一楔三轴多节点。一楔是指自西北向东南贯穿场地的绿楔。三轴是指现代居住轴线、历史文化发展轴和经济产业发展轴。多节点则是中央体育公园、园林植物种植区、二七文体冬奥中心、长辛店古镇文旅服务节点、北车高端制造与研发展示基地等。

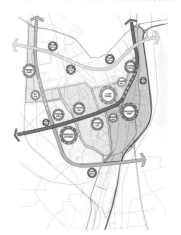 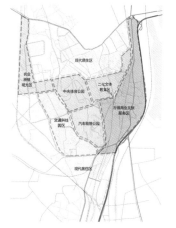 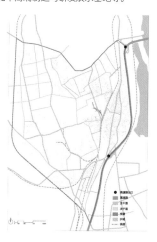

中央绿楔

农业种植观光区可以对外出租的"开心农场"模式进行运营。
中央体育公园区内部可设置跑道和自行车专用道路，满足多样使用需求。
汽车极限公园提供休闲娱乐场所，根据地形可设计不同的汽车赛道。

交通科创区

交通科创园区分为交通科技研发与展示中心和北车高端制造生产区。该区域将成为集智慧交通、文化交流、科技创新、创意设计、技术研发、科技孵化、商业休闲等功能为一体的新型科技、文化创新产业园区。

二七文体教育区

二七机车厂改建为国家冰雪运动训练基地。**历史博物馆展览区**以现有长辛店博物馆为中心，修建一系列宣传教育基地。**长辛店公园**添加室外展陈空间，以二七文化红色革命为主。

古镇商业文旅区

古镇商业文旅服务区位于地块东北侧，现将其分为现代商业、现代居住、古镇传统商业文化区和休闲服务商业区。古镇保留传统建筑及肌理，承载文化旅游和传统商业服务业功能，包含服务于区域的长辛店火车站。

■ 场地评估

现选取长辛店古镇北侧地块进行详细设计。选取地块北从长辛店大街北入口开始，南到祠堂口和同福里，呈三角状，规划用地面积30.12公顷。

大部分建筑均为民国至新中国成立前修建，少部分为新中国成立以后修建，百年及以上修建的建筑极少。绝大多数建筑以居住功能为主，沿街主要为商业建筑。建筑肌理较为杂乱，主要为不规则的合院和杂院构成。

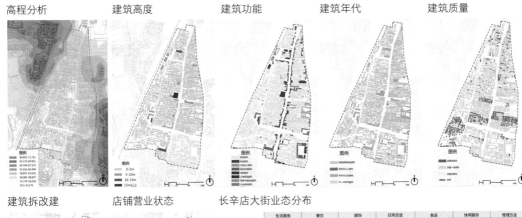

高程分析　　建筑高度　　建筑功能　　建筑年代　　建筑质量

建筑拆改建　　店铺营业状态　　长辛店大街业态分布

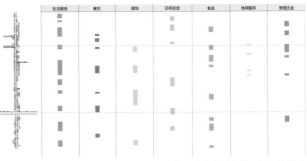

长辛店商业以生活服务、餐饮、服饰为主。商业类型多样，但每种类型的子分类单一；商业普遍规模小，产业水平较低；服务业娱乐业单薄。

业态所占比例

业态类型	数量（个）	占比（%）
生活服务	56	34
餐饮	35	21
服饰	33	20
日用百货	20	12
食品	14	9
休闲娱乐	3	2
修理五金	2	1

长辛店商业主要沿长辛店大街线性集中分布，流动商贩较多。

对于商业分布，生活服务、食品类在整条街整条主街均匀分布，数量较多；餐饮、日用百货、服饰、修理五金集中分布于几个街道的片段，整体上看较为均匀；休闲娱乐则整体较少，稀疏分布。

公共活动空间

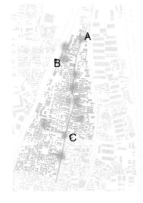

A 北侧路口　　　B 小广场　　　C 南侧路口

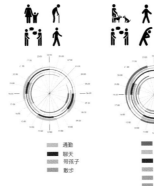

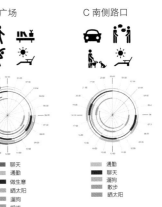

道路街巷

小镇以胡同出名，名字却不叫胡同，大都以"某某口""里"命名。这些胡同（街巷）大大小小加在一起有六七十条，应是北京胡同最多、最集中的地方之一了。如果把小镇画成平面图，会看到整个小镇是由纵横交错的胡同相互勾连和串接起来的，每一条胡同都通向五里长街。因此，设计保留地块内部道路，并根据路名的历史缘由对周边建筑功能进行设计。

■ 改造策略

物质空间层面

三位一体

点
重点保护的古迹：庙宇、老宅院等建筑

线
长辛店大街的整体塑造：将点连接成线

面
低密度传统合院居住区：打造宜居的传统生活方式

文化生活层面

以多样**历史民俗文化**为背景的特色休闲小镇
庙会 民俗 烟火气

考虑带动周边区域整体发展
整体提升本地基础设施建设
积极引入先进特色文化产业
合理搭建地区运营机制平台

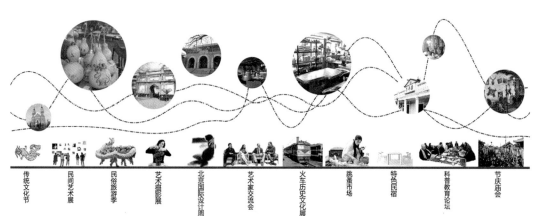

传统文化节　民间艺术展　民俗旅游季　艺术摄影展　北京国际设计周　艺术家交流会　火车历史文化展览　跳蚤市场　特色民宿　科普教育论坛　节庆庙会

传统院落　开裂　偏移　退让
传统院落　开裂　偏移　植入
传统院落　偏移　开裂　植入

增加功能
在人行道路上增加公共空间及空间功能

拓宽
在不破坏老街巷的基础上拓宽人行道宽度

打通
打通严重阻碍道路的建筑物，保证道路通畅

连廊
工业厂房改造可局部使用连廊，增加多样性

系统
构建起完整的"鱼骨式"道路分级系统

北京长辛店片区更新规划及长辛店老镇东北部改造设计

主街东立面清真寺附近

建筑质量较差，需要修建或重建

清真寺作为重要节点入口处风貌差，建筑质量一般，地位不够突出，需要重新设计

道路两侧大量的摊贩既阻碍了交通又影响了整体风貌，建议强制移除

建筑质量尚可，风貌较差，需要修建或重建

建筑质量较差

主街东立面清真寺附近

建筑质量较差，需要修建或重建

清真寺作为重要节点入口处风貌差，建筑质量一般，地位不够突出，需要重新设计

道路两侧大量的摊贩既阻碍了交通又影响了整体风貌，建议强制移除

建筑质量尚可，风貌较差，需要修建或重建

建筑质量较差

曹家路口北立面西段

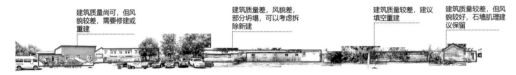

建筑质量尚可，但风貌较差，需要修建或重建

建筑质量差，风貌差，部分坍塌，可以考虑拆除新建

建筑质量较差，建议填空重建

建筑质量较差，但风貌较好，石墙肌理建议保留

主街西立面近曹家路口

建筑质量尚可，但风貌较差，建议改造

建筑质量尚可，但风貌较差，建议拆除

建筑质量尚可，但风貌较差，建议拆除

规划分区　　　　规划结构　　　　规划道路　　　　街道剖透视

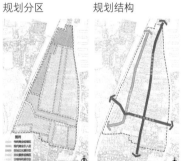

空间活力激活：

"肌活"建筑：恢复梳理古镇建筑肌理；
古迹"复兴"：对部分文保建筑植入新功能；
街道"常新"：恢复长辛店大街露天流动商业；
街区"增绿"：构建绿色开放公共空间。

火车站酒店　　休憩广场　　特色民宿　　　　　火车展陈　　　　休闲廊架　　　长辛店火车站

餐饮接待

候车区域

■ 总平面图

对外旅游接待区
1 游客接待中心
2 停车场
3 火车文化酒店

长辛店大街两侧
4 传统客栈
5 传统酿造生产工艺展销馆
6 聚来永副食店
7 长辛店第二百货大楼
8 老爷庙
9 尹氏玻璃店
10 云盛号布店
11 天和永药铺
12 清真寺
13 刘家铁铺
14 传统国营粮油店
15 火神庙
16 娘娘宫
17 工人补习旧址

在地文化展示区
18 长辛店火车站餐饮接待
19 长辛店火车站
20 火车站展览馆
21 老物件生活展览馆
22 在地文化展示科教中心
23 文创工作室

现代商业引入区
24 老镇现代商业中心
25 老镇影剧院

文化服务设施区
26 天主教堂及养老中心
27 社区服务中心
28 艺术教育中心

古镇传统居住区
29 下沉广场文化展示街
30 传统工艺展示
31 派出所

N

0 25   75   150   300m

北京长辛店片区更新规划及长辛店老镇东北部改造设计

■ 效果图

火车站前广场

长辛店大街

下沉广场

■ 鸟瞰图

北京长辛店片区更新规划及二七厂西南片区改造设计

组员：刘瑾、宋莹、黎蕊　　指导教师：郑小东、钱云

■ 现状调研分析

区位分析

　　长辛店位于北京市丰台区永定河西岸，东邻西山—永定河文化带，西靠两道丘陵，多条水系在此贯通交错，距天安门仅19km。辖区区位条件曾经十分优越，是西南方位进京必经的要道。

　　历史上此处商贾云集，店铺林立，热闹非凡。但由于经济发展动力较弱，如今长辛店经济较为落后，居民收入普遍较低。

长辛店周边绿地现状

上位规划

· 《北京城市总体规划》（2016年-2035年）
"丰台区应建设成为首都高品质生活服务供给的重要保障区，首都商务新区，科技创新和金融服务的融合发展区，高水平对外综合交通枢纽，历史文化和绿色生态引领的新型城镇化发展区。"

· 《丰台分区规划（2017年-2035年）》
"丰台区将打造'一轴、两带、四区、多点'的空间布局，其中'一轴'为南中轴丰台段，'两带'为永定河文化带、生态融合发展带。"

· 《丰台区长辛店镇土地利用总体规划(2006-2020年)》
"规划期内，长辛店镇将以绿色生态居住、特色文化旅游、高新技术产业和现代物流为发展着力点，突出其区位、环境优势，以'一镇、两带、三区'（长辛店中心镇，经济发展带和生态旅游带，产业区、生态居住商业物流区）采摘休闲娱乐度假区)为总体发展思路。"

历史沿革

现状分析

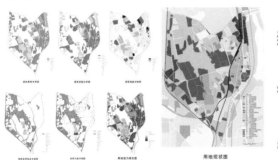

用地现状图

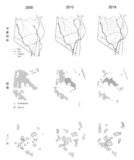

交通网络

　　长辛店的路网从2000年到2019年间逐渐变得越来越完善，可以看到小路越来越多，并且有多条主要道路跟随着场地内水系的走向逐渐修建起来。

绿地系统

　　场地内的绿地（多为荒地）从2000年开始明显地变少，尤其西北部分的荒地逐渐被大量侵占。场地内部的绿楔基本成型。

工业区

　　2000年以前，区域内基本都是大型厂区，目前出现了越来越多的小型工业聚集。

经济分析

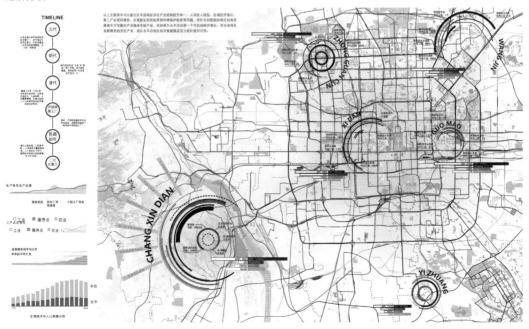

北京长辛店片区更新规划及二七厂西南片区改造设计

人群分析

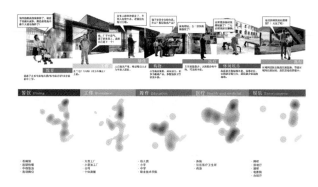

交通分析

即使是在交通枢纽功能逐渐没落的今日，长辛店地区的交通仍然较为发达。场地东端有一条高速路南北贯穿而过，城市主干路在场地东北角交汇，场地内次干路、支路交相汇通，有铁路、河流穿镇而过。

西北和环岛区域道路可达性更高，而南边由于更靠近农村，农田较多，道路可达性较弱。因此西北和环岛区域可以考虑设置主要功能区，集中发展商业或建设医院等公共服务设施。

场地现状分析

设计地块区位　　　建筑高度分析　　　场地交通分析　　　建筑质量分析　　　拆改建议

■ 目标与策略

思路梳理

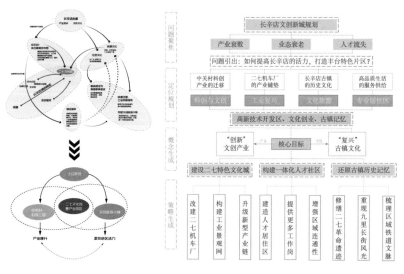

首先，通过对场地现状、基础设施等因素的分析发现，长辛店片区对产业提升的需求强烈，而现有基地条件特点较为鲜明，未来或许可以向着建立铁路研究和文化创意产业园区方向转型。

其次，长辛店现状存在多重文化内涵，其文化底蕴由二七铁路文化、红色文化、民俗文化、多元宗教文化等糅合而成，因此古镇可向文化旅游小镇发展，为区域积攒人气。

最后，该区也可以有效利用历史上辉煌一时的二七机车厂，二七厂以前为区域核心，可以继续这个布局，发展地区特色产业园。优化其功能及空间特征，联动区域，使其继续成为长辛店街道的核心。

■ 规划与愿景

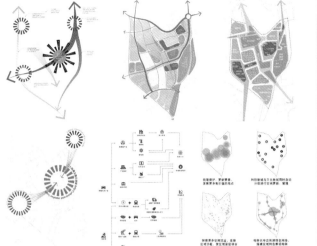

文化广场意向图

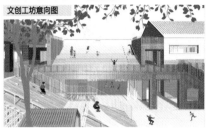
文创工坊意向图

设计地块规划

该片区拟规划为"两轴、两带、三心"的整体布局,两轴即为园区展销轴和工业记忆轴,两带为长辛店景观带和文创园景观带,三心是铁路文化中心、区域商业中心和交通枢纽中心。

可将该区域主要分为众创空间区、绿色休闲区、艺术展示区、二七综合展区、商业区和铁道公园区等六个区域,同时保留部分二七厂办公区与现存的二七科创园区。

该区域的建筑可以主要发挥其商业、展览等功能,在规划时可以以文化园、展览馆、创意园和商铺为主。同时修缮原有部分建筑,如火车头广场、铁道公园等,并将其作为文化记忆追溯的载体。

生成过程

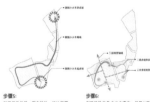

厂区规划设计

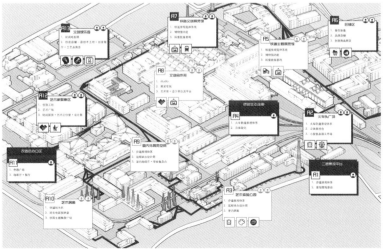

北京长辛店片区更新规划及二七厂西南片区改造设计

平面图

设计说明:

本规划在工处提划为"两轴；两带；二心"的整体布局之上，将该区域主要分为众创发同区、绿色休闲区、艺术展示区、二七综合展区、商业区和铁道公园等六个区域，同时保留部分二七厂办公区与现存的二七艺术园区。

之后对该区域的建筑植入商业、展览等功能，在规划时对以文化园、展览馆、创意区和商铺为主。同时修缮原有部分建筑，如火车头广场、铁道公园等，并将其作为文化记忆追湖的载体。

进而，对该区域进行景观设计，设计游园铁道和二层步道，前者环区一周，主要起到铁路文化追忆的作用；而二层步道主要连接园区内主要步道，为游人在参观时增强观赏性和趣味性。园区内也规划了大面积、连续性强的绿色网格，增加绿化面积。

用地类型	占地(hm²)	比例
A1：行政办公用地	7.34	8.6%
A21：图书馆展览设施用地	10.27	12%
A22：文化活动设施用地	8.34	9.8%
B1：商业用地	6.5	7.6%
S1：城市道路用地	12.84	15%
S42：社会停车场用地	2.22	2.6%
G1：公园绿地	33	38.7%
G3：广场用地	7.1	8.3%

规划用地面积：85.6ha
规划建筑面积：628336m²
容积率：0.78
绿地率：38.7%
建筑密度：38%

图例
1 保留办公区
2 众创空间
3 艺术展廊
4 艺术展销中心
5 绿色休闲中心
6 书店
7 服务中心
8 餐饮区
9 文化创意中心
10 火车头广场
11 DIY 制作区
12 创意商铺
13 创意集市
14 二七科创园
15 VR 体验区
16 铁道博物馆
17 铁道文化园
18 铁道资料馆
19 机车展厅
20 二七记忆展厅
21 步行街
22 SHOPPING MARKET
23 匙铺区
24 长辛店博物馆
25 公园内咖啡厅
26 教育科创区
27 铁道主题公园

第一处选址为古镇老街的一段。拆除建筑质量较差的建筑，建立独立的步行体系。
第二处选址二七厂入口的建筑群上，建筑特点鲜明，建筑风貌较好，故进行体块上的破除、立面上的改造和景观构筑物的搭建。
第三处选址为原二七厂的办公区域。保留原功能，但进行建筑风貌的提升，并在场地西侧绿地上构建景观。
第四处选址为原二七厂厂房，对其屋顶改造，加建楼层，拆除多余建筑并设置广场。
第五处选址为建筑质量欠佳的古镇老房。
第六处选址为二七厂内建筑质量欠佳的小型厂房，设计中将其调整成二七艺术花园。对建筑进行拆除，设立景观走廊，为游人提供更多休憩空间。

■ 建筑设计

方案生成

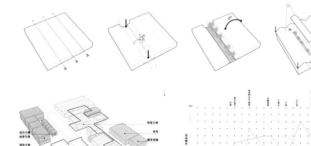

1. 拆解四跨
2. 引入铁轨
（转换空间）
3. 添加绿道
（连接空间）
4. 拆解屋顶
（加强采光）

结构及流线分析

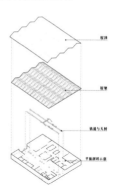

总平面图

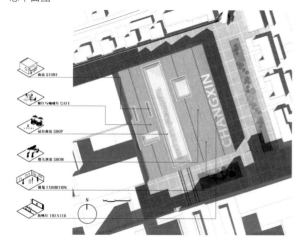

效果图

虚拟展厅　　　　大桥

沙盘　　　　商店街

一层平面图

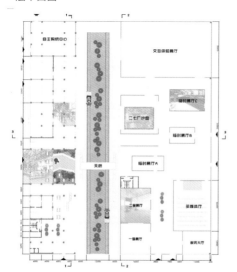

二层平面图

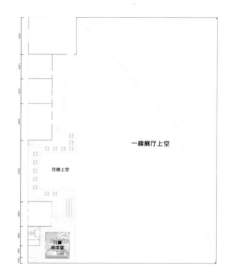

鸟瞰图

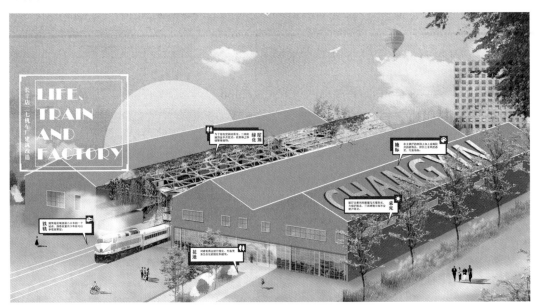

　　建筑位于北京市丰台区长辛店二七机车厂北段，在厂区规划方案内属于展馆建筑。建筑的最大特点为内部通有铁轨，铁轨延伸到建筑最南端。因此，设计中将此建筑定位为游园火车的起点站与终点站，西侧提供商业与餐饮服务，东侧则作为二七记忆展馆对外展出长辛店铁路文化相关历史。

剖面图

南立面图　　　　　　　　　　　西立面图

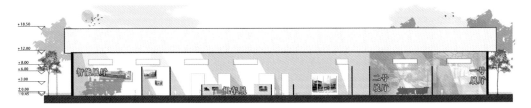

剖面图 1-1

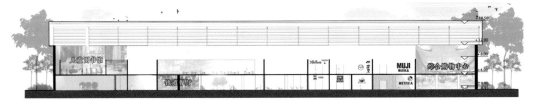

剖面图 2-2

■ 景观设计

平面图

植物群落竖向结构分析

交通形式示意

...... TRAM轨道
—— 步行步道
----- 骑行步道

设计理念：

（1）变旧为景，唤醒记忆
在历史文化层面上，将京汉铁路和长辛店机车的历史元素融入景观节点，并以时间为线索，用整段铁路串联起一段关于铁道"过去、现在和未来"的故事，通过各种景观和特色活动唤起居民对城市历史的记忆。

（2）慢享生活，绿色出行
景观紧贴各原有铁路线路，灵活组织步行和骑行空间。步行、骑行和观光火车线路独立分设，有序组织，强调沿线生态自然、多样丰富的"穿行体验"。
线路的贯通性和连续性。铁路贯穿整个景观廊道，用以"连接"各类开放空间，实现内部贯通和外部连通，同时组织区域绿地网络和各个景点。

（3）内外联通，塘涌活力
整合乐西南北向的城市干道，减少绿地分割；完善绿色生活休闲和旅游设施，建立邻近节点、公共设施，彰显文化特色和标志形象。

景观特色：游园小火车
线路一：乘坐小火车环绕整个七七创意园
线路二：游览铁道主题公园南北向轨道沿线景观

1 户外咖啡厅
2 树林草地
3 覆盖坡地
4 风车草坪
5 琉璃园园
6 跌地园场
7 未来机车体验中心
8 下沉广场
9 极限运动场
10 停车场
11 活力折线广场
12 客新餐饮
13 游客服务中心
14 球场
15 儿童游乐场
16 街边休闲交流带
17 文化艺术长廊
18 园区路雕塑园
19 轨道摄影区
20 车厢咖啡厅
21 长辛店站
22 花园广场
23 轨道年代长廊
24 园区服务中心
25 轨道旧址
26 火车头广场
27 游园小火车起点

剖面图

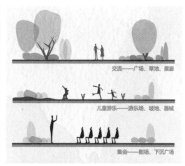

交流——广场、草地、展廊

儿童游乐——游乐场、坡地、器械

集会——剧场、下沉广场

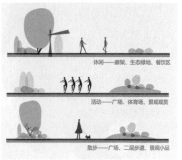

休闲——廊架、生态绿地、餐饮区

活动——广场、体育场、景观观赏

散步——广场、二层步道、景观小品

人群活动分析

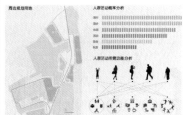

周边规划用地　　人群活动概率分析

人群活动所需功能分析

效果图

古镇"常新"——长辛店老镇复兴计划

组员：高红阳、刘思琴、钱艺、蔡佑俊　　　指导教师：姚璐

根据北京市政府对这一地区的规划方案，以及对场地现状的综合分析，计划对长辛店老镇以棚户区改造为契机，借助北京城古驿站的文化品牌优势，建设具有文化特色的总部会所集聚区，通过重建西峰寺、镇岗塔等标志性文化古迹，保护性修缮汇聚各种文化的五里长街，打造以驿站文化为主的京西特色古镇。

地理位置
● 位于北京西南角，距离天安门约 19km；
● 永定河西畔，是西南距离市区最近的乡镇；
● 千年老街——长辛店大街；
● 古老的渡口卢沟桥是重要的南北交通枢纽。

历史背景
1. 元代：泽畔店 明代：长店、新店两个村落；清代：相连称长新店，后衍化为长辛店；
2. 古驿站：商贾云集，车马繁荣；
3. 1 处国家级文物保护单位、2 处区级文物保护单位；
4. "二七" 大罢工。

■ 项目选址

长辛店地区

■ 文化背景

建筑文化
在老街不足 10m 宽的五里长街两旁，坐落着娘娘宫、天主教堂、清真寺等不同宗教的特色建筑，使老镇成为当前北京市内唯一一处同时汇集了道教、佛教、天主教、基督教、伊斯兰教的宗教建筑之地。

红色文化
长辛店老镇见证了中国工人运动第一次高潮中规模最大、最有影响的"京汉铁路工人罢工"，留下了毛泽东、李大钊、邓中夏等老一辈革命家的英雄足迹，在中国近代史上写下了光辉灿烂的一页，被誉为中国共产党领导工人运动的起点、近代中国工人运动的摇篮。

宗教文化
佛教、道教、伊斯兰教、天主教等在长辛店，多元共存。宗教文化影响着人们的思想意识、生活习俗，而且对社会精神文化生活也产生了影响。

商贸文化
昔日长辛店镇就有坐商 500 多家，成为京西南的商业重镇，周围几十里的市民无论是赶集还是赶庙会都会来到长辛店镇，目前已不见往年的繁华。

庙会文化
每年农历四月春夏之交，长辛店都会以娘娘宫为中心，举办为期好几天的庙会。届时京西南一带的商贩和农民都要来赶庙会，庙会期间，附近十里八村的居民会踩着鼓点，伴着唢呐，欢歌吼喝从南北关涌向娘娘宫，热闹非凡。

■ 设计总平面

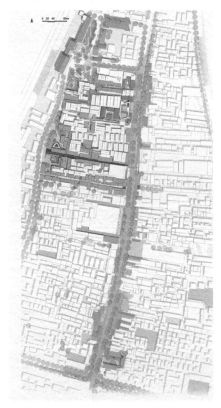

■ 场地梳理

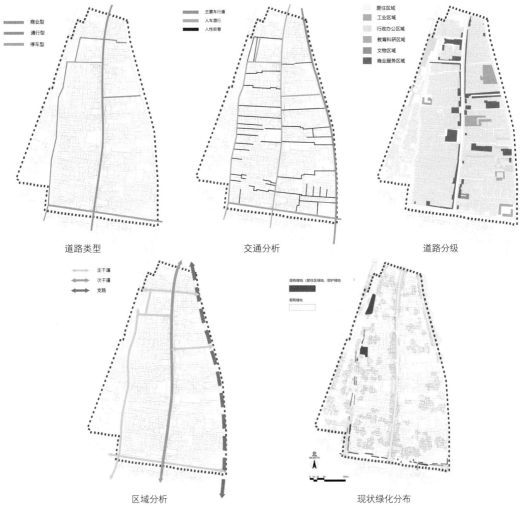

道路类型   交通分析   道路分级

区域分析   现状绿化分布

■ 设计红线

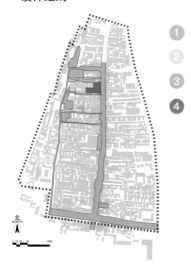

一条大街

① 街道改造 ➡ 历史街区中街道公共空间设计探究

    大街作为长辛店老镇的中心，汇聚了人们日常交通、买卖、交流、休闲等多种活动。在街区的更新改造阶段，尽可能地保留长辛店大街的生活风貌，展现多元的生活状态，是设计的立意和出发点。

四条胡同

② 胡同改造 ➡ 胡同公共空间微更新设计方法探究

    长辛店老镇中的胡同公共空间种类丰富、历史独特、风格明显，胡同空间中的生活场景很好地体现出老镇应有的魅力。对胡同公共空间进行微更新改造可以以线代面地改善生活场景，不破坏当地生活氛围。

六个小园

③ 景观设计 ➡ 历史街区中的口袋公园设计探索

    长辛店作为历史街区的代表之一存在建筑密度大，生活环境待改善等问题。口袋公园范围小、选址灵活多变、与周边环境关联密切等特点可以很好地解决历史街区更新中两个问题之间的矛盾。

一个小院

④ 院落改造 ➡ 历史街区中的院落空间改造设计

    长辛店作为北京地区的历史文化古镇，有大量的历史风貌院落，让这些院落重新焕发生机，满足现代生活的需求，同时可以体现场地的历史文化，让院落这种建筑形式可以随着时代而发展。

古镇"常新"——长辛店老镇复兴计划

■ 一条街儿——长辛店大街街道公共空间设计

设计概念与场地选址

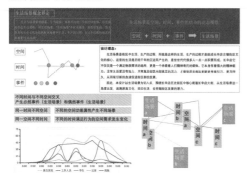

街道业态分析

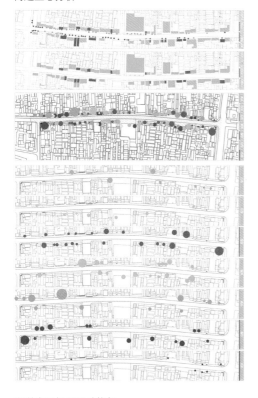

街道生活场景设计构想

设计选址及现状问题

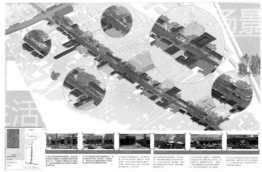

生活场景及研究

生活场景-古

生活场景-今

空间设定　　　　　时间设定

事件设定

设计平面图及设计节点

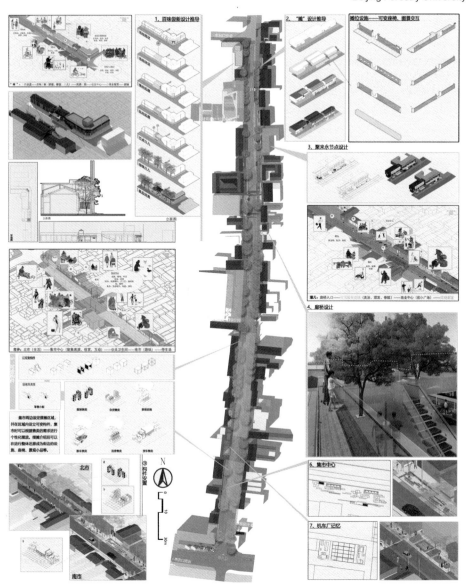

设计效果图

■ 四条胡同——长辛店胡同公共空间设计

区位分析

长辛店老镇历经了多个朝代，在元代时有"泽畔店"之称，清代从"常新店"衍化为"长辛店"。五里长街，商贾云集，车马繁荣，

现存着很多历史文物古迹，见证了中国工人运动第一次高潮中规模最大、最有影响力的"京汉铁路工人罢工"，有着毛泽东、李大钊等老革命家们的英雄足迹。

现状分析

■ 现状道路功能　　■ 现状道路等级　　■ 现状交通方式　　■ 区域建筑属性

宗教文化　　　工业文化　　　院落文化　　　红色文化　　　商贸文化

设计范围

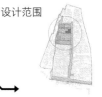

场地分析

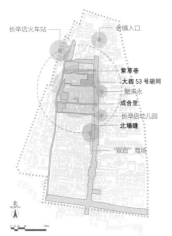

长辛店火车站　　老镇入口

紫草巷
大街53号胡同
聚莱永
成合里
长辛店幼儿园
北墙缝

"双百"商场

a 现状建筑性质

b 历史建筑分布

c 公共空间现状

d 人流聚集度

e 公共绿地分布

f 动线分析

长辛店老镇中的胡同公共空间种类丰富、历史独特、风格明显，胡同空间中的生活场景很好地体现出老镇应有的魅力。此设计红线范围是长辛店老镇的胡同公共空间，主要针对老镇北部四条东西走向的胡同进行更新改造，分别是"紫草巷"、"大街53号胡同"、"成合里"、"北墙缝"，所选的四条胡同彼此相邻，均与教堂胡同和长辛店大街连通。

胡同特征

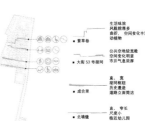

生活味浓
风貌院落多
曲折、空间变化丰富
动植物

紫草巷

公共空间较宽敞
空间变化明显
市井气息浓厚

大街53号胡同

直、宽
胡同框架
历史遗迹
道路立面简洁

成合里

直、窄长
尺度小
临近幼儿园

北墙缝

人群需求

■ 规范停车区域　　■ 公共客厅　　■ 胡同书屋

■ 娱乐空间　　■ 休息花园　　■ 转角花园

胡同是交流性质的公共空间，长辛店老镇的胡同公共空间中蕴含着浓厚的市井气息，常有闲谈、打牌、下棋、锻炼、遛鸟、孩儿嬉闹、串门、大街商贸交易等场景，也有车铃声、火车声、犬吠声、猫叫声等。这些场景是长辛店人的集体记忆，是场所给予他们的归属感。

随着时代的发展，胡同中老旧的生活配套设施无法满足今日人们的物质生活需求，并且不同年龄层次人群的需求也存在差异，因此在设计中需要有满足儿童的娱乐空间、满足老人的休息空间和交往空间等。

■ 场景一
■ 场景二
■ 场景三
■ 场景四

设计概念

通过对过去生活场景的理解、胡同公共空间现状的分析及未来发展需求的预想，并结合功能、空间环境、行为、文脉四个影响因素，提取其中共同的元素进行并置和串联，将视觉和听觉相互融合，最终演化出"微花园"、"微广场"、"微展园"、"微乐园"四个空间主题。

设计策略

设计元素

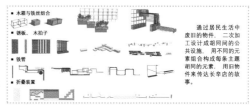

通过居民生活中废旧的物件，二次加工设计成胡同间的公共设施，用不同的元素组合构成每条主题胡同的元素，用旧物件来传达长辛店的故事。

问题分析

针对胡同公共空间存在的问题提出相应的设计策略，首先通过腾退空间来增大公共空间的面积，其次对每条胡同赋予主题概念，并运用相应的元素来拾回历史记忆，采取界面设计、入口设计、转角设计等来激发胡同的活力，适当增添公共设施及栽植植被。

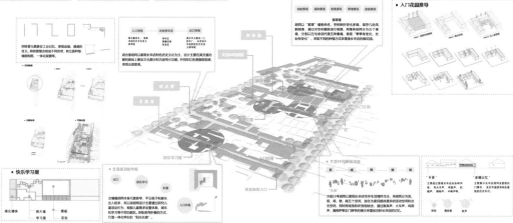

效果图

紫草巷入口花园效果图

紫草巷住宅种植效果图

紫草巷北立面图

紫草巷南立面图

老镇作为城市发展的载体，城市文明的标志，是人们自身文化认同感和归属感的象征。随着经济发展，城镇化发展不断加快，古城老镇的问题逐渐显露，其历史街区发展现状与现代化的发展需求之间存在着诸多矛盾，为进一步促进古城老镇的发展，应在保护的基础上求发展，在发展中求保护。近年来，国内外许多学者针对这类历史文化街区的更新保护都秉着"小规模、小尺度、渐进式"等理念，通过微更新的方式为历史文化街区注入更多的生机与活力，从而促进古城老镇的可持续发展。

以历史文化街区的胡同公共空间为切入点，总结目前胡同公共空间存在的问题，以问题为导向探索胡同公共空间的微更新设计方法。首先，对国内外历史文化街区中胡同公共空间更新改造相关理论及优秀案例进行分析，归纳设计方法及其成功经验；其次，系统分析了胡同公共空间的特点、类型，微更新的设计方法、设计原则，人的行为活动与邻里交往关系；最后，以长辛店老镇中的胡同公共空间为具体设计场地。

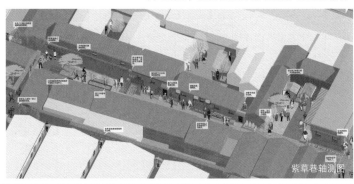

紫草巷轴测图

大街 53 号屋顶花园效果图

大街 53 号胡同"观""闻"效果图

北墙缝学习屋效果图

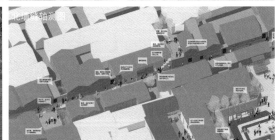

北墙缝轴测图

成合里入口效果图

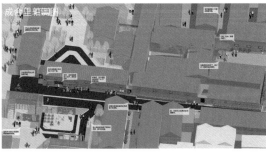

成合里轴测图

■ 六个园子——长辛店口袋公园设计

设计选址

北京市丰台区西郊入京口长辛店老镇，是西南距离市区最近的乡镇，临近永定河与卢沟桥。

这一座由古驿站不断发展而成的乡镇是西南进京的必经之路，也是历史上"二七罢工"的重要据点。除此之外，京广铁路的通行都为此地注入了独特的历史印记。

项目场地位于长辛店老镇北端，北面始于长辛店大街与周口店路交会口，向南结束于长辛店最宽的曹家口胡同，西起京广铁路沿线，东至周口店路。

口袋公园选址从火车站站前广场出发，经过教堂胡同沿线街角绿地、庭院绿地，转为"双百"商场门前绿地、工人活动遗址绿地，由六块 0.1～0.4hm² 的绿地组成。

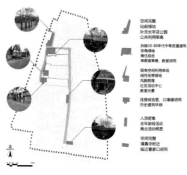

早期的老镇由过境交通发展而来，随着近些年交通功能的减弱，老镇的发展逐渐减慢，整体生活水平与城市脱节，环境风貌被严重破坏。近几年棚改工作推进，未来的长辛店老镇希望通过局部拆迁、大规模微治理等方式恢复老镇活力。

前期调研

腾退空间 整合绿地　　绿廊覆盖 由点成线　　人群解析 适龄设计

设计概念

确定主题 记忆赋予

设计针对场地现有的记忆提取相关设计元素，整理出属于长辛店特色的素材库。素材库包括由京广铁路提取出的铁路、工业元素，由二七机车厂提取出的管道元素，由永定河提取出的河滩、森林、山川元素，由长辛店院落提取出的屋舍等元素，由当地生活提取出的交流、售卖等元素等。通过对不同元素的整合对应不通场地的主题，最终完成口袋公园的设计。

主题表达　串联空间

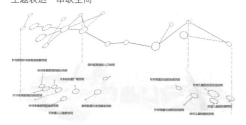

资料整理　元素提取　　元素整合　场景应用

设计中，除了注重针对不同场地主题记忆的表达以外，通过轴线关系将前四块场地串联起来，作为一整条小型带状公园，从北向南依据火车记忆、大河记忆、邻里记忆、童年记忆主题展开。

平面图

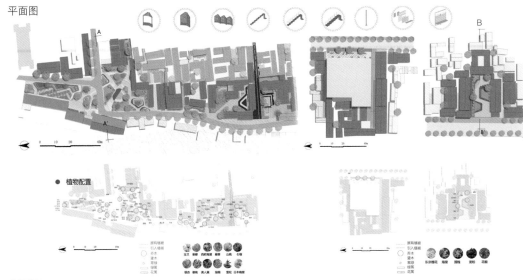

植物配置

立面图

A-A' 1：200

B-B' 1：100

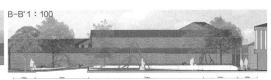

效果图

清真记忆效果图

铁路记忆效果图

铁路记忆效果图

童年记忆效果图

贩卖记忆效果图

大河记忆效果图

邻里记忆鸟瞰图

■ 院落更新设计

区位分析

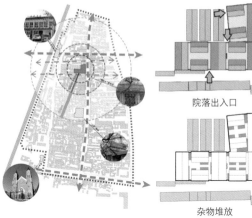

场地现状问题

院落出入口

杂物堆放

空间缺少联系

原建筑的历史风貌保留相对完好，但也存在很多空间上的问题。

日照问题

院落本身的商户、门面让院落与长辛店大街有着很好的空间联系，但是两个院落之间的多处隔墙使内部空间比较零散，缺少互通性；同时许多部分难以被利用，出现了杂物堆积的情况。

室内采光较少

地块位于老镇北部的中心区域，周围分布着长辛店多个历史文化节点，在半径范围 50 ～ 200m 的范围内包含了火车站、副食店、百货商场等地标性建筑。

目标人群与需求

本地居民日常活动范围主要集中在长辛店大街和部分公共空地。现有的活动区域无法满足人群对活动的需求。

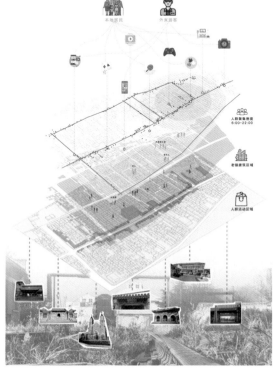

设计概念

空间组合

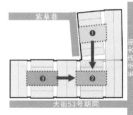

场地内包含三个院落，将这三个院落根据离大街的远近程度分为开放和私密的部分，越靠近大街越开放。同时根据使用人群进行区分，对三个院落的使用场景进行区分。

场所文脉

古镇"常新"——长辛店老镇复兴计划

形体生成

STEP 1
拆除49号院南侧的一间厢房,并同时拆除部分的院墙

STEP 2
其他部分建筑的空间进行整理

STEP 3
中心部分建筑作为整体进行设计改造

STEP 4
围绕中心区域增强两个院落之间的联系

STEP 5
增加廊道结构,增强多个院落空间的联系增加纵向空间的丰富度

STEP 6
院子公共区域地面进行部分抬升处理,增加公共区域空间的变化

三个院落作为公共空间连接不同的室内空间,其他功能的空间都围绕着中间的物体进行建设。

院落在靠近大街的部分为公共性开放空间,将围墙打开欢迎更多的人进入。在距离大街较远的一侧则以更私密的空间为主,院落也保留有始的空间布局,维持其私密属性。

一层平面图

①中心舞台　⑤信息亭
②餐饮区　　⑥儿童娱乐区
③公共活动区　⑦文化体验区
④客房　　　⑧公共休息区

屋顶平面图

①屋顶廊道　④居民活动区
②新式屋顶　⑤公共活动区
③游客体验区

功能分区

原建筑屋顶
保留原屋顶结构与肌理

● 文脉·石板瓦
新屋顶结构在舞台中心建筑与临街入口建筑使用

● 文脉·折线廊道
可以增强多个院子之间的联系还可以增加纵向空间的丰富度

室内外空间
建筑之间互相打通成为一个整体室外空间向室内延伸模糊室内外空间,增强整体性

● 文脉·人群聚集
舞台中心目标成为长辛店的"新娘娘庙",在区域可以举办新的活动为人们提供场所可以重新聚集,从而让老镇焕发新的活力

公共开放区域设置在靠近大街和入口区域,增强与其他部分的互动

私人区域设置在远离大街和入口的位置减少对空间中人的影响

人流动线

入口调整为4个,将连接大街53号胡同的院墙打开,形成面朝中心舞台的视觉引导。主要人流动线围绕舞台中心建筑,形成闭合动线。

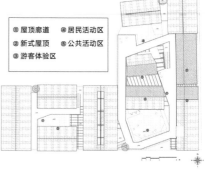

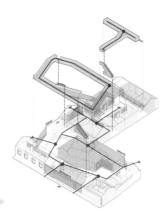

人流动线交汇点

由大街主入口进入之后空间中,通过墙面、门以及有方向性的台阶对人流进行引导,使主要动线可以在空间中连接三个院落空间。

引导动线的节点

■ 院落更新设计

文脉 · 石板瓦—新式屋顶结构

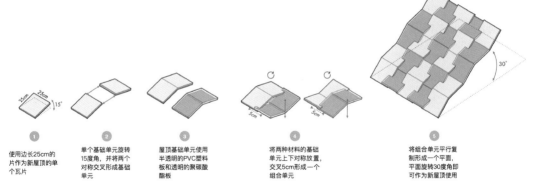

① 使用边长25cm的片作为新屋顶的单个瓦片

② 单个基础单元旋转15度角，并将两个对称交叉形成基础单元

③ 屋顶基础单元使用半透明的PVC塑料板和透明的聚碳酸酯板

④ 将两种材料的基础单元上下对称放置，交叉5cm形成一个组合单元

⑤ 将组合单元平行复制成一个平面，平面旋转30度角即可作为新屋顶使用

设计效果

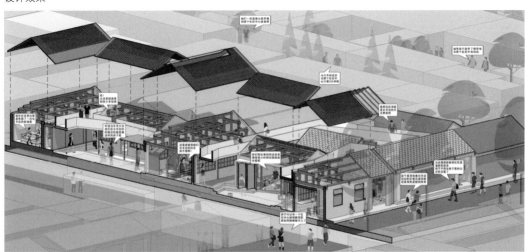

轴测图

中心舞台　　　　　　居民活动　　　　　　舞台空间室内

长辛店片区城市环境更新规划设计

组员：卜忠正、丁瑶、冯一帆、何启之、刘心怡　　指导教师：董璁

■ 区位分析

长辛店是永定河西侧的一个历史古镇，历史上是北京城经由卢沟桥去往保定、开封、汉口方向的"九省御路"要津，历代均为商贸繁盛之地。

20世纪初，京汉铁路通车后，长辛店作为大站之一，是机车厂（即后来的二七机车厂）、车务段等多个铁路相关机构聚集地，是中国共产党最早建立工会组织、发动"二七大罢工"的重要代表地之一。

新中国成立后，长辛店聚集人口持续增多，相当数量有历史意义的建筑物均保留至今，但大多保存状况一般。近年来区域内工业生产逐渐迁出，区域经济走向衰败，出现了房屋质量较差，基础设施老化，环境风貌混乱等一系列问题。

现状长辛店历史街区更新计划已启动，大多数原住户已迁出，未来将在保持整体历史风貌的前提下，实现业态更新升级、基础设施完善和环境质量提升，伴随新的人口的迁入，实现古镇的全面复兴。

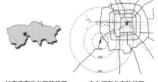

长辛店在丰台区的位置　　**丰台区在北京的位置**

■ 人群结构分析

区位分析：长辛店历史街区位于丰台区西南部，坐落在永定河西岸，北部紧邻卢沟桥，西部以京汉铁路为边界，与宛平城隔河相望。

规划范围：规划范围选取以长辛店大街为中心，西部以京汉铁路为边界，东部以周口店大街为界的长辛店老镇区域。基本形成以长辛店大街为中轴，其余道路胡同成排状的完整鱼骨状平面结构，区域内部基本为一层平房，总规划面积约为89.3hm²。

历史背景：长辛店是永定河西岸形成千年古镇之一，紧邻卢沟桥，明清时期是由西南方向进京的必经古驿站、南北商贾云集。基本形成五里长街和鱼骨状胡同的船型市镇格局。近代，铁路配套的铁路工厂也选址在长辛店地区，后来发展为二七机车工厂。为中国北方工人运动的发源地，长辛店也因此保留了许多红色工人革命的文化遗产。

人口变迁：长辛店的人口数量随着朝代的更替，而不断增加，人口阶层也不断复杂。

产权制度：产权制度即土地产权的确定，这是影响长辛店古镇改造与更新可行性的深入性的根本原因。在调查中，房屋产权存在一定的混乱现象。本研究于理想化进行展开，减少产权问题影响，主要思考空间布局的相关问题。

■ 上位规划解读

鸟瞰效果图

■ 现状调研分析

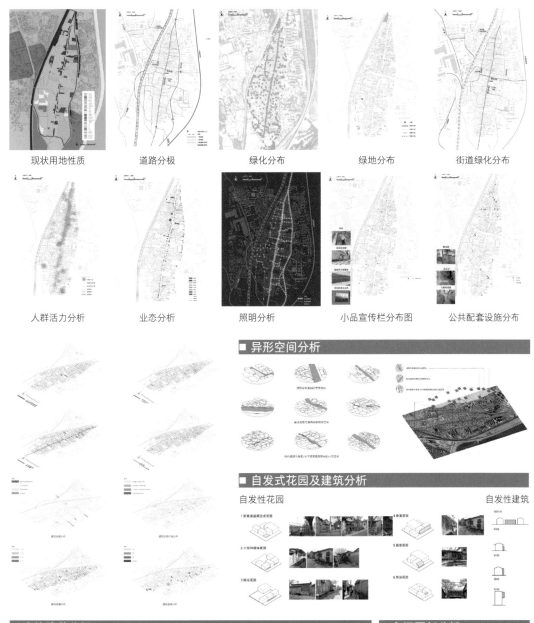

现状用地性质　　道路分极　　绿化分布　　绿地分布　　街道绿化分布

人群活力分析　　业态分析　　照明分析　　小品宣传栏分布图　　公共配套设施分布

■ 异形空间分析

■ 自发式花园及建筑分析

自发性花园　　　　　　　　　　　　　　　　自发性建筑

■ 建筑院落分析

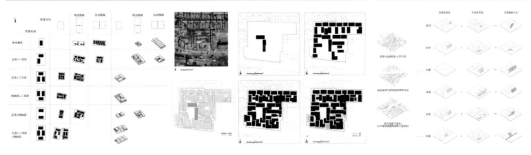

■ 空间更新分析

长辛店片区城市环境更新规划设计

■ 规划设计策略

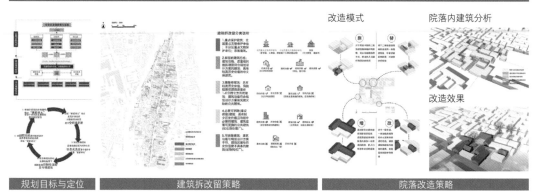

改造模式

院落内建筑分析

改造效果

| 规划目标与定位 | 建筑拆改留策略 | 院落改造策略 |

■ 规划设计方案

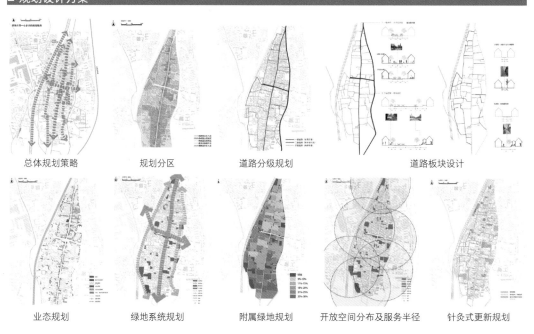

总体规划策略　　　　规划分区　　　　道路分级规划　　　　道路板块设计

业态规划　　　　绿地系统规划　　　　附属绿地规划　　　　开放空间分布及服务半径　　　　针灸式更新规划

■ 街道立面改造

教堂胡同西立面现状

教堂胡同西立面整治

■ 规划设计策略

开放空间的选址及分布方式

城市绿地选址及分布方式

城市广场选址及分布方式

■ 总平面图

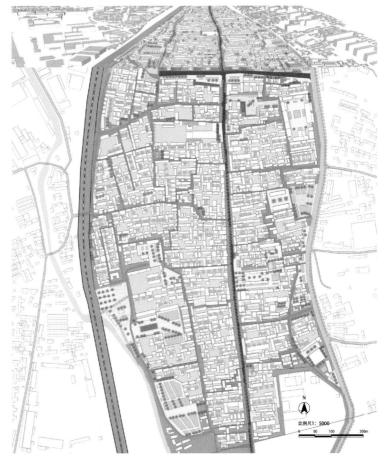

比例尺1：5000

■ 局部鸟瞰效果

■ 街道立面改造

长辛店大街西立面现状

长辛店大街西立面整治

■ 长辛店游客服务中心（原山西会馆）建筑及相邻绿地设计（丁瑶）

场地区位及镇区建筑情况

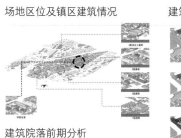

建筑院落前期分析

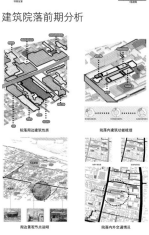

建筑院落发展建议

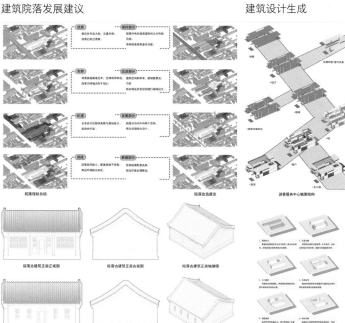

建筑设计生成

建筑院落空间分区

建筑设计平面

建筑院落与相邻绿地总面积

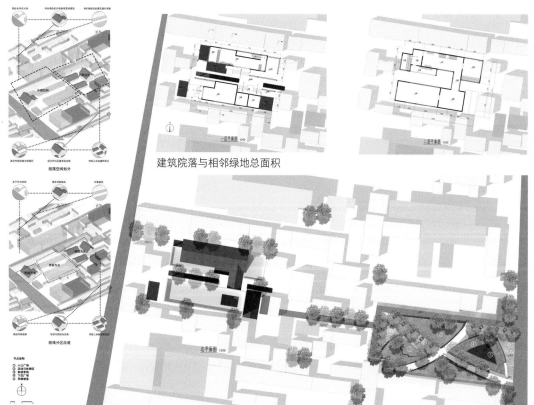

建筑设计立面

建筑设计效果及鸟瞰

长辛店游客服务中心鸟瞰图

建筑设计剖面

建筑空间结构

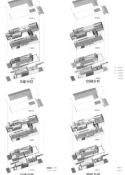

相邻绿地景观结构

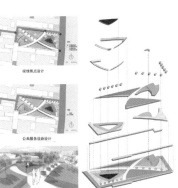

相邻绿地前期分析

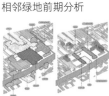

相邻绿地种植设计

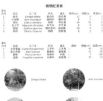

相邻绿地效果及鸟瞰

建筑经济技术指标及用地用地平衡表

相邻绿地鸟瞰图

相邻绿地立面

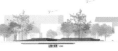

■ 长辛店天主教堂前广场绿地和茶室建筑设计（冯一帆）

周边分析

平面图

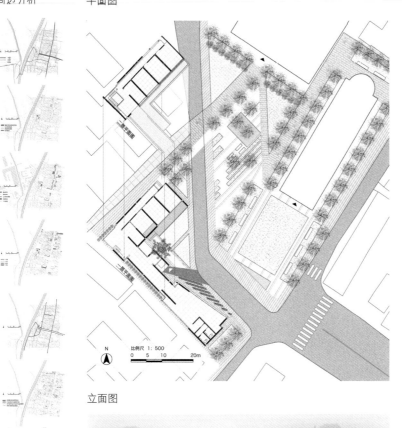

比例尺 1：500

N

0　5　10　　　20m

立面图

建筑生成图

鸟瞰图

效果图

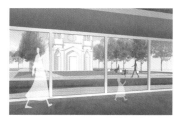

分层结构图

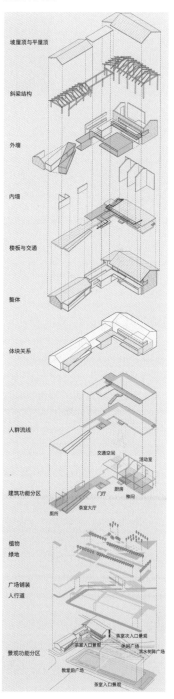

坡屋顶与平屋顶

斜梁结构

外墙

内墙

楼板与交通

整体

体块关系

人群流线

建筑功能分区

交通空间　活动室
门厅　厨房
厕所　雅间
茶室大厅

植物
绿地

广场铺装
人行道

景观功能分区

茶室次入口景观
休闲广场
滨水树阵广场
茶室入口景观
教堂前广场
茶室入口景观

模型照片

剖透视图

■ **长辛店二七红色文化陈列馆及公共绿地设计（何启之）**

区位及场地分析

建筑概念生成

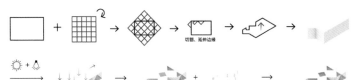

场地历史介绍

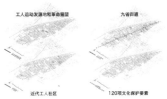

建筑平面图

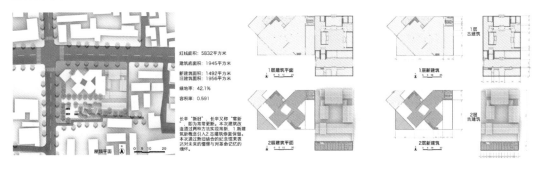

建筑功能分区

游线、工作线路分析

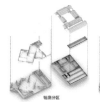

建筑结构拆分

效果鸟瞰

模型展示

场景展示

古建筑庭院

入口报告厅

二层中庭

一景展厅

剖面图

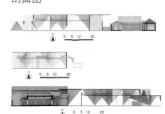

立面图

 西立面 西北立面 东北立面 北立面 东立面 南立面

场地分析

区位分析

两层楼
四层楼

人群活动

公共绿地设计平面图

效果图

设计场地面积为6000平方米，场地三面均为居民区，切近住户多。

根据场地主要服务人群，周边以老年人群居多，需要考虑老年人，如上，设备完善和成年、以及人群流动为避免、闲和、猫太阳等。

在公园中以功能为主开展设计，同时解决洪口区活动车流量大的嘈杂问题，主要路线人流问题等。

1、休闲区
2、休闲区
3、休闲广场
4、绿景休闲广场
5、树荫广场
6、中央大草坪

设计策略

效果图

"悠游"长辛店老镇及周边城镇遗产保护与更新设计

组员：刘星辰、张永   指导教师：钱毅

■ 现状调研分析

历史沿革

卢保铁路   邮传部卢保铁路工厂

1897~1901

1728 清雍正六年

"九省御路"   码头和商贸文化 | 宗教文化

劳动补习学校

1920   1923.2.4

二七大罢工

区位分析

长辛店位于北京丰台区永定河西岸，这是一条具有近千年历史的老街。历史上是北京城经由卢沟桥去往保定、开封、汉口方向的"九省御路"要津，历代均为商贸繁盛之地。

长辛店古镇在北京市卢沟桥畔，距天安门仅19km，是西南距京城最近的乡道，也是西南进京的必经要道。

交通分析

长辛店地区目前并没有与之有良好接驳关系的公共交通。地铁十四号线西延站点距离长辛店老镇中心区域最短直线距离为3.5km。

公交停靠站点沿着周口店路布置，三个站点与长辛店老镇的接驳关系均较差，到达长辛店中心地区普遍需要8～10分钟的步行。

与长辛店老镇毗邻的居住区——"卢西嘉园"和"东山坡二里"在长辛店老镇外部也没有紧密的接口。

基地高差

■ ±0.000 ■ +3.000
■ +1.500 ■ +7.500

长辛店老镇基地被长辛店大街、长辛店站以及铁路分成了四个部分。以铁路为界限，长辛店大街的高度为 ±0.00，铁路西边 +8.00，铁路东边平均 +1.00。

胡同现状

■ 可通过胡同
■ 不可通过胡同

长辛店老镇的胡同以长辛店大街为界限，东边靠近周口店路的胡同较少，最为完整的是公路街附近的胡同。西边的胡同不仅完整，且数量多，有三条仍广泛使用。

合院现状

■ 现存合院

长辛店老镇的合院保存情况较好。合院主要分布在长辛店大街两侧的街区地块里，这些合院并不独立，而主要是成块或呈组团的拼接。

开放空间现状

■ 已开发和待开发开放空间

现存使用的公共空间仅长辛店站前的三角形广场。但区域内部仍有几处有待开发的区域。在后续的开发中，有巨大的利用潜力。

建筑类别

历史建筑　加建改建
新建筑

地块内的建筑可分为两个层次，一是历史建筑，二是加建。加建部分包括破坏街巷完整性的加建和破坏合院完整性的加建。

建筑层高

三层建筑　一层建筑
二层建筑

整个长辛店老镇建筑主要以一层为主。某些建筑有通向二层或屋顶的平台，但利用率极低。

建筑用途

商业建筑　居住建筑
交通建筑

建筑主要存在三种用途。商用建筑主要存在于长辛店大街两侧。住宅主要存在于胡同街巷中，且占比例较大。公共建筑较少，主要位于长辛店站所在地块。

建筑利用度

高利用率　低利用率
中等利用率

商业建筑利用度是最高的。居住建筑是目前利用度最低的，与其建筑面积所占比呈现出最大的反差。公共建筑现仍然存在使用，但使用频率较低。

街区肌理

景点分布

平汉铁路员工浴池　火神庙　关帝庙　娘娘宫　永济桥　长辛店火车站　二七烈士陵墓

石碑　清真寺　跟福馆

瑞来永　国庆旅店　二七通信五金厂　浴池　工人俱乐部　教堂　二七机车厂

61

"悠游"长辛店老镇及周边城镇遗产保护与更新设计

景观游线

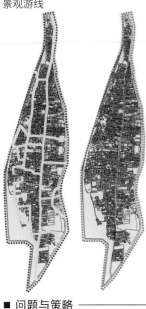

古树分布

我们在调研中发现，如若不是特意去参观长辛店绝大多数历史遗存建筑，游客在长辛店中的游线往往较短，平均逗留时间较短。几乎没有游客知道"老北京餐馆"的背后有一个通向其楼顶的台阶，也很少有游客会走到铁路轨道西侧的高炉。吸引游客驻足的景点大多比较分散，未成体系，且比较单一。以调查者的眼光来看，比较系统且富有趣味的倒是连接铁轨两侧的天桥。单凭现状空间不具有将游客往高处吸引的可能。

值得一提的是这条五里长街两侧的行道树，估计是新中国成立前栽种的，高度约8m，树龄长，树形伸展，树冠在半空相接，树荫遮天蔽日，形成尺度宜人的空间，已成为老镇情怀不可或缺的组成部分。不仅长辛店大街如此，胡同里的院落也有参天大树，构成组团的中心。

在调研的问访中，我们了解到，其实有许多大树已经被砍伐，但现存的这些古树，依然可以构成小组团的中心，成为人们记忆的某个凝固点。

■ 问题与策略

交通组织——策略：体验型

"体验型"即通过设计手段增强游客对长辛店认知的体验过程，而这一点的实现主要是以交通为导向的。

长辛店现状延续了"大街——胡同"的传统空间格局。长辛店大街是古镇的中心轴线，但是由于近代以来的加建或是改建，肌理受到了一定的破坏。

梳理胡同能达到游线的丰富，但仍然呈现为片段式的连接。为了使游人观赏路线成为闭合的环形，在距离水塔不远处，我们建议修建一座现代风格的桥，使行人能够经过胡同后，回到长辛店大街。经过这样的设计处理后，游客观光时间偏短的问题也可以得到解决。

古镇的历史文化资源缺乏挖掘和利用，很多有价值的历史遗存及传统民居等缺乏有效的保护和展示。这样一条串联的游线将长辛店历史文化古迹通过设计的手段联系起来，成为"体验型"手段的一个重要部分。

资源利用——策略：节约型

"节约型"是指长辛店老镇无论是商业、居住还是公共建筑，都能够物尽其用。在传统的街巷模式下，游客能够接触的房屋建筑相对来说较少，许多房屋因为外界难以触及，而被搁置。

经过梳理后的胡同使得荒废的合院、房屋得到了最大化利用。如再将一些原本封闭的合院打开，原本相对狭小的胡同也将产生变化，增强空间体验感。胡同与胡同之间若产生些许的联系，也会丰富行走胡同的体验。

"节约型"旨在动员和激励全社会节约和高效利用这些资源，以支撑长辛店老镇可持续的社会发展模式。

公共空间——策略：生态型

为了呼应"生态丰台"的号召，同时使长辛店成为丰台区的一个重点生态节点，生态建设不容忽视。往往"生态"的主题也离不开对公共空间的开发与利用。基于现状，长辛店区域内部的空地和合院可以经过一定的改造，成为绿色的公共空间，小组团服务区域群众，大组团服务周边群众。这样做，不仅为"体验型"的策略提供良好的环境，也弥补了长辛店老镇公共空间不足的缺失。此外，不论是区域的主要入口还是次要入口，都可以通过景观设计，对人流来向进行积极地引导。在这一点上，周口店路与长辛店老镇的接驳口尤其需要关注。

■ 规划与愿景

平面图

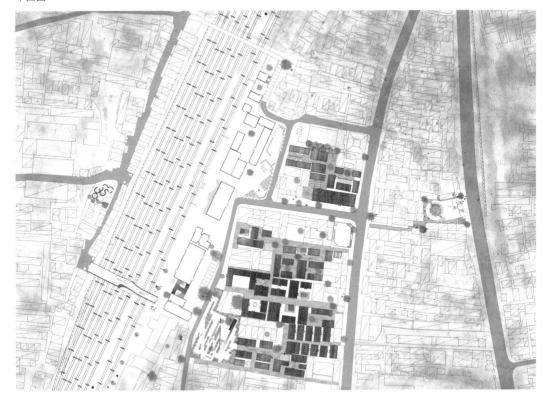

■ 规划·建筑设计

记忆广场——总平面

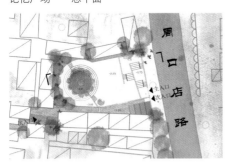

透视图

剖透视图

漫游展览馆——总平面

剖面图

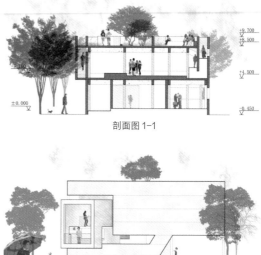

剖面图 1-1

剖面图 2-2

一层平面图

二层平面图

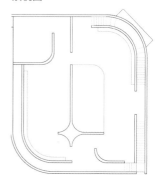

顶视图

透视图

　　漫游展览馆位于长辛店大街与通往长辛店站道路的交叉口,由此可见它具有两个良好的展示立面。同时,它也可以看作是进入长辛店老镇中心地带的门户,建筑设计中,将转交的地方处理成更为开放和更具层次感的窗口。

　　在建筑内部的空间组织上,主要运用建筑漫游的概念。从一层进入二层空间,可以一瞥两面沿街的立面;进入二层主要的展示空间,通过高差的分割,形成不同的展示空间,有主有次。在设计的引导下,游人可进行漫游式的观展;接着通过坡道步行到达屋顶花园,期间能够看到西边的长辛店站,以及位于高处的水塔观景台;到达花园的入口处,可以感受到屋顶平台带来的开阔视野。花园大小的变化也使得体验变得丰富而精彩;在浏览完毕后沿着阶梯向下,可一览长辛店大街的街景。

水塔观景台——总平面　　剖透视图　　　　　　　　透视图

扭转桥——总平面　　　　　　　　　剖透视图

　　扭转桥是连接长辛店站和水塔观景台两岸的重要纽带，也是整个游览系统得以完整的重要一环。扭转桥横跨铁道，建筑体量中有一处扭转，使得建筑得以从水塔观景台所在片区的丘陵地带过渡至长辛店站所在的平缓区域。同时，这一设计创造了一系列相互连通的空间，扭转桥内部可以选择不同的方式进入连接建筑的二层或一层。

　　扭转的几何建筑体量，通过扇形楼梯将水平和垂直的动线一分为二。参观者不论是从东端进入还是从西端进入扭转桥，参观者的视线均可穿过整个建筑，看到桥的另一端，使得游客的体验极其丰富。

合园——总平面　　　　　　　　透视图

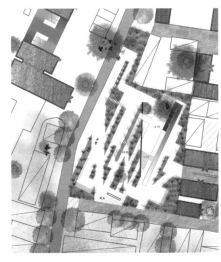

剖透视图

长辛店老镇及周边街区改造设计

组员：李晨阳、丁祎涵　　指导教师：胡燕

■ 现状调研分析

区域基本背景

长辛店是一个有着近千年历史的古镇，是在明清时期就由"长店"和"新店"两个村庄逐渐发展而成。由于长辛店临近永定河古渡口，是进入北京城的咽喉要道。大量外省进京人员在此歇脚打尖，第二天渡河进京。原来的两个村庄逐渐扩展连成一片。

百货市场
幼儿园
长辛店第一小学　国家电网
0 0.5 2km

历史背景

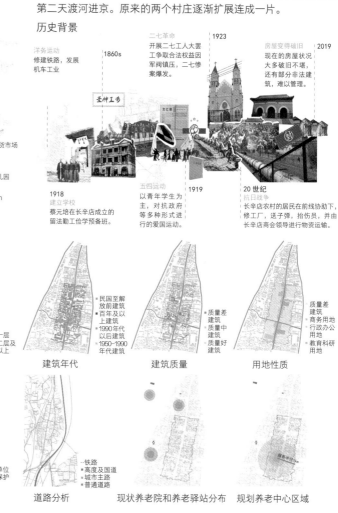

洋务运动
修建铁路，发展机车工业
1860s

二七革命
开展二七工人大罢工争取合法权益因军阀镇压，二七惨案爆发。
1923

房屋变得破旧
2019
现在的房屋状况大多破旧不堪，还有部分非法建筑，难以管理。

1918
建立学校
蔡元培在长辛店成立的留法勤工俭学预备班。

五四运动
1919
以青年学生为主，对抗政府等多种形式进行的爱国运动。

20世纪
抗日战争
长辛店农村的居民在前线协助下，修工厂，送子弹，抬伤员，并由长辛店商会领导进行物资运输。

区域基本状况

居住建筑
办公建筑
公共建筑
教育建筑
文保建筑
商业建筑（关）
商业建筑（开）

建筑功能

一层
二层及以上

建筑高度

民国至解放前建筑
百年及以上建筑
1990年代以后建筑
1950-1990年代建筑

建筑年代

质量差建筑
质量中建筑
质量好建筑

建筑质量

质量差建筑
商务用地
行政办公用地
教育科研用地

用地性质

重点保护
树木
绿地
水系

绿化及水系分析

文保单位
文物保护范围

文物保护

铁路
高度及国道
城市主路
普通道路

道路分析

现状养老院和养老驿站分布

规划养老中心区域

区域光线分析

6月4：30 A.M.

6月5：00 A.M.

6月5：30 A.M.

6月6：00 A.M.

6月6：30 A.M.

6月6：30 P.M.

6月7：00 A.M.

6月7：30 A.M.

6月8：30 A.M.

6月9：00 A.M.

地块及周边道路分析图

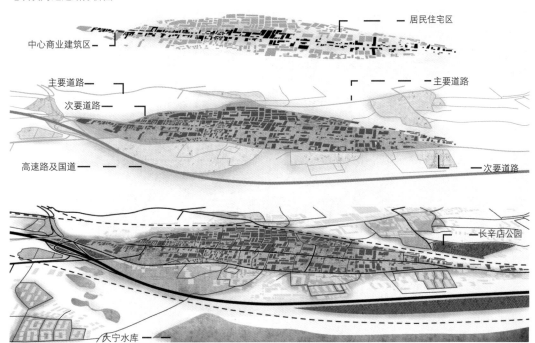

居民住宅区

中心商业建筑区

主要道路

主要道路

次要道路

高速路及国道

次要道路

长辛店公园

大宁水库

合院类型分布图

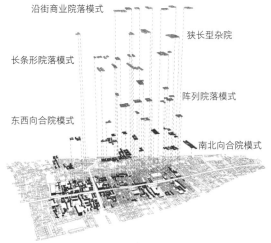

沿街商业院落模式

狭长型杂院

长条形院落模式

阵列院落模式

东西向合院模式

南北向合院模式

地块内业态分布图

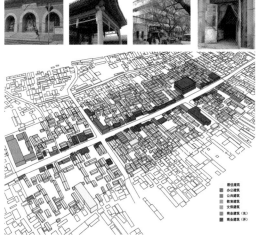

长辛店现存问题

内部交通混乱

建筑质量差，基础设施不完善

由于搬迁，部分建筑已遭废弃，空间利用率低

养老设施的服务范围不均

缺少活动空地

街道现状

　　临近过年，长辛店街两侧热闹异常。人们在忙着挑选年货，仿佛是北京年味最浓的一条街，也同样是充满了人情味的一条街。这样的热闹场景却引起了交通上的不便利，两侧的商铺为了把自家的最好的商品展示出来，都尽可能地向外摆出，占用了大部分人行道的空间，没有商铺的店家也骑着自家的三轮车或是开车停靠在路边进行售卖。这使得原本不宽的街道显得更加的拥挤与杂乱。

长辛店老镇及周边街区改造设计

区域服务范围

陈庄养老驿站
服务范围 1 km
主要功能是老年人的日间照料和老年食堂。提供给附近老年人的三餐饮食。

二百（当地百货市场）
服务范围 500 m
长辛店古镇内部最大的百货市场。内部商品价格低廉，较为亲民，商品比较齐全。

天主教堂养老院
服务范围 500 m
长辛店内部唯一一个养老院，但是只接受信教人士，并且为长期住宿。

大宁山庄住宅区
住宅区内绿化很多，包含了 270,000m² 的湖泊和15,000m² 的公园。

长辛店公园
这是一个有故事和历史的公园。长辛店古镇的居民可通过火车站附近的天桥去遛弯活动。

大宁水库
水库为滨河休闲带创造了非常良好的生态环境。并且为当地居民提供了水资源。

北京市第十中学
服务范围 1 km
1978 年被评为丰台区重点中学，2004年被评为北京市示范性普通高中。

房车露营公园
当此处有车展时，有很多车迷聚集于此，十分热闹。

区域规划

场地规划　　住宅区　　历史保护区

沿街商铺　　教育　　绿化区域

交通规划和路线分析

■ 问题与策略

长辛店问题分析

为了改善长辛店的现状，复兴古镇并且促进当地经济发展，提出了一系列的问题开展分析，提出实施方案。

长辛店现状实景

1. 基础设施不完善 1）硬件设备：井盖附近的道路损坏，路面坑注注。2）软件设施：居民活动空间少，活动自由度不够，文化价值得不到重视

2. 安全隐患较多
1）管道外露，排水设施不健全，电线混杂
2）人车混行

人群活动

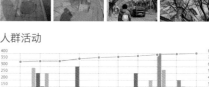

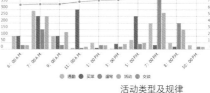

活动类型及规律

A 北侧路口　B 北侧路口　C 南侧路口

长辛店街区的活动的人群主要为当地居民，行为类型主要为通勤、聊天、亲子活动、遛狗、晒太阳等，本图展示了三个主要地点的人群活动类型和发生的频次。A 地为长辛店大街北口，B 地为火车站和小广场，C 地为长辛店大街和周口店路交叉十字路口。平日居民出行的活动集中在早晨和中午，买菜和带孩子的老年人居多，长辛店大街东部地段人流较多。

改造街道立面

原始街道立面

■ 规划与愿景

平面图

绿地公园

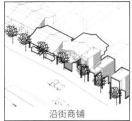
沿街商铺

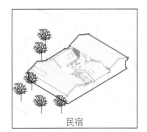
民宿

鸟瞰图

长辛店老镇及周边街区改造设计

街景规划

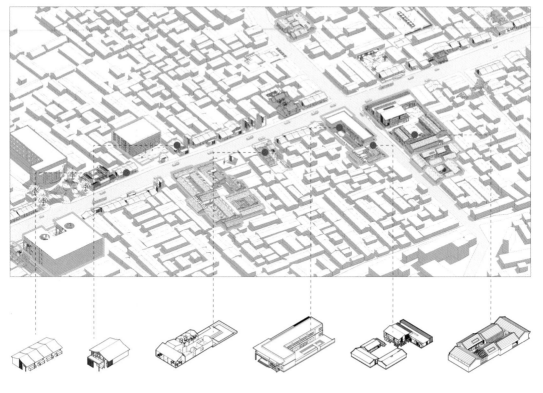

沿街商铺
内部设有供游人休憩的座位,还有停车位置。

小食铺
内部有就餐座位,方便游客进餐。

娱乐休闲广场
提供了活动和游乐的场所,还附加了共享单车的停车点。居民或者游客可以再次租车还车。

宾馆
一个小型的宾馆,外来游客可以在此短期住宿,并且对外提供餐饮服务。

助老服务驿站
长辛店古镇内部唯一的助老驿站,里面还设置了卫生站,方便就近居民看病。

风俗民宿
将当地废弃民宿改造,保留其当地特色,开放给游客入住,是学生和背包客的首选。

交通分析

　　长辛店内部不通公共交通,私家车和自行车为主要的出行方式。考虑到主街的宽度,游客可以选择共享单车出行方式,方便快捷。古镇内的重要节点包括历史遗迹、学校、养老院、银行、超市等,分布相对集中,大多在600m以内,服务功能建筑基本上可以满足服务半径。步行或骑自行车的人可以很容易地到达老城区的目的地。

■ 建筑设计

服务驿站——效果图

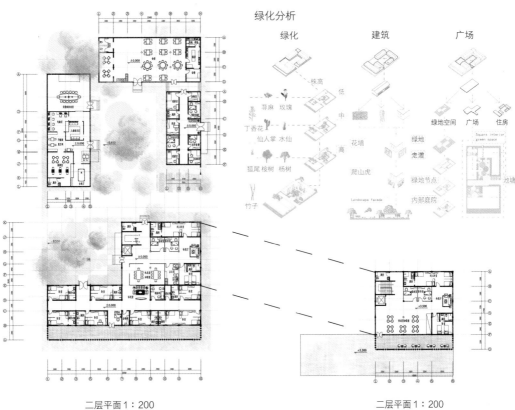

绿化分析

绿化　　　建筑　　　广场

二层平面1：200　　　　　　　　二层平面1：200

长辛店老镇及周边街区改造设计

功能分析

东楼是为拆除危旧房而新建的。东楼主要功能是为老年人提供卧室和日托服务。西侧三栋为保留建筑，西侧东侧为娱乐室，包括棋牌室、台球厅、茶室、多媒体活动室、电脑室、儿童娱乐区、开放阅览室，以及台球厅。西边远处的房屋是食堂。西边北边的房屋是一个卫生服务站。

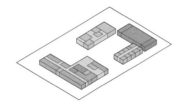

- 娱乐室
- 老人卧室
- 老人食堂
- 卫生服务站
- 休息厅

不同人群行走路线

老人日常行走路线

护工行走路线

用餐行走路线

娱乐路线

创新	交流	基本照料	外界活动
创作	喝茶	睡觉	修剪植物
使用电脑	玩耍	洗澡	跳舞
打台球	看电视	看护	聊天
艺术创作	吃饭		庆典活动

功能体块分析

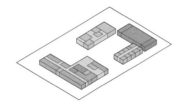

- 娱乐活动室
- 老人卧室
- 卫生站
- 老人卧室
- 老人食堂
- 厨房

私密性分析

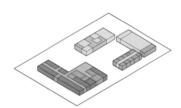

- 私密性较低
- 私密性较高

助老驿站模型成果

助老驿站住房一侧的走廊　老年食堂　阅览室　护士站　茶室　休息室　电脑室　卧室

助老驿站模型成果

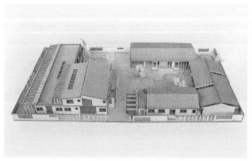

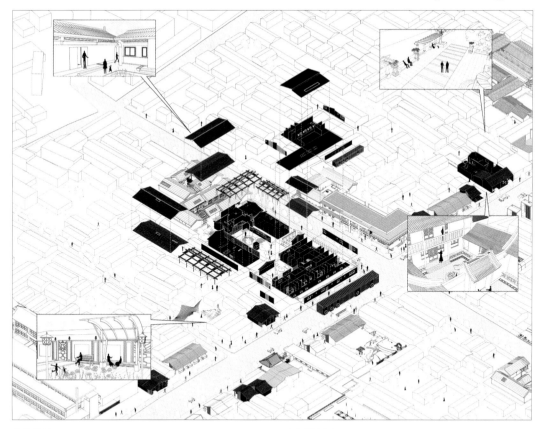

节能设计

可聚能的人行道踏板

当一个脚印将板子从 5mm 深压到 10mm 深时，就会产生电能。而采用的三角形形状能够最大限度地提高功率输出和数据采集，其高耐用性和安装的便利性使其能够无缝地安装到任何位置。

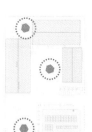

聚能板产生的电量可以供给给整个助老驿站的各种电器使用，一定程度上能减轻整个驿站在电量上的开支。每个长期居住在助老驿站的老人人手一个特定智能手机，除了可以简单操作打电话等功能，主要的是可以当遥控板，控制卧室内的电器不需要的时候及时关闭电器节约能量。

在聚能板上走路或跳广场舞

能量可登记入账号

零耗能设计

感光自动百叶窗　　　　　　　　能源节约型空调
照明自动调光　　　　　　　　　高效通风机
自动中央空调　　　　　　　　　中水利用马桶

本方案中助老驿站共有四个单体建筑，东部的建筑为拆除新建建筑，作为四个建筑中包含可再生能源系统的建筑。为其他建筑与自身供应能源。此建筑的绿色屋顶可以过滤并收集雨水，屋顶太阳能光伏阵列将提供建设所需的所有净能量。

太阳能收集　　　　　　生态循环　　　　　　雨水收集

北立面 1：500　　　　　　　西立面 1：500　　　　　　南立面 1：500

长辛店老镇及周边街区改造设计

● 长辛店大街改造设计

二百商业楼改造

    二百的半室外空间的改造解决了原本建筑内光线较暗的问题,并且用拱券围合成的三个开放空间缓解了长辛店内公共空间不足的问题;同时,建筑内部功能的多样性,解决了之前的功能单一的问题。

行车道及人行道的改造

    设计将车道改为单向车道,同时限制时间通行,将其余的空间用来增添自行车道以及拓宽人行道。

沿街店铺改造

    缩短沿街的建筑的进深,通过拆除部分原有墙体以及增添隔断增加了连接室内外的灰空间,并在灰空间的两侧放置可以摆放商品的桌子,同时中间空出的区域可以作为过道供过路的行人浏览商品。

摆摊摊贩贩卖空间的设置

    设置了两种尺寸的半开放的框架空间分别可将三轮车以及汽车停放在其中,并在其中设置了座椅,可供商贩休息。而这空间也可以作为公共活动空间给居住的居民使用,解决了来此摆摊的摊贩占用街道的问题,同时也增加了长辛店大街上的公共活动空间。

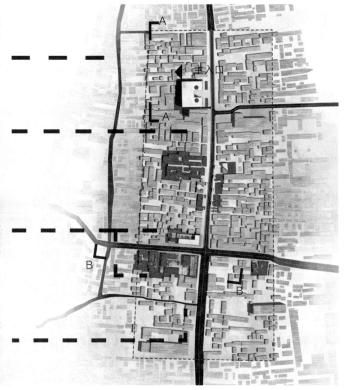

街俯视效果图

街道改造分析图

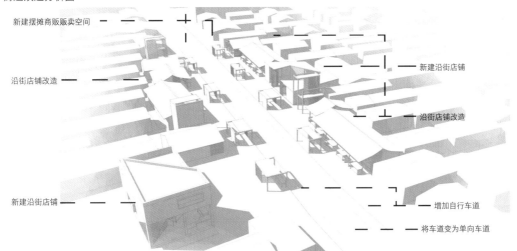

新建摆摊商贩贩卖空间

新建沿街店铺

沿街店铺改造

沿街店铺改造

新建沿街店铺

增加自行车道

将车道变为单向车道

B-B 剖面图

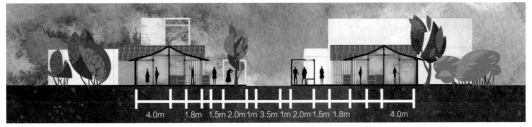

4.0m　1.8m　1.5m 2.0m 1m 3.5m 1m 2.0m 1.5m 1.8m　4.0m

东立面图

东立面图

A-A 剖面图

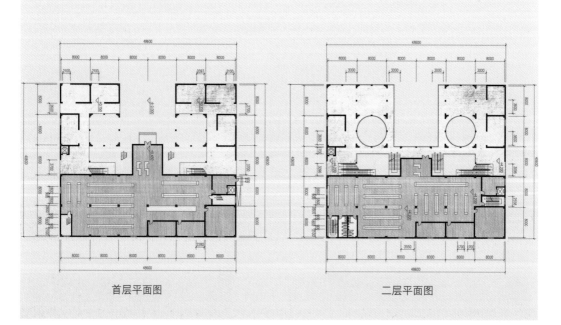

首层平面图

二层平面图

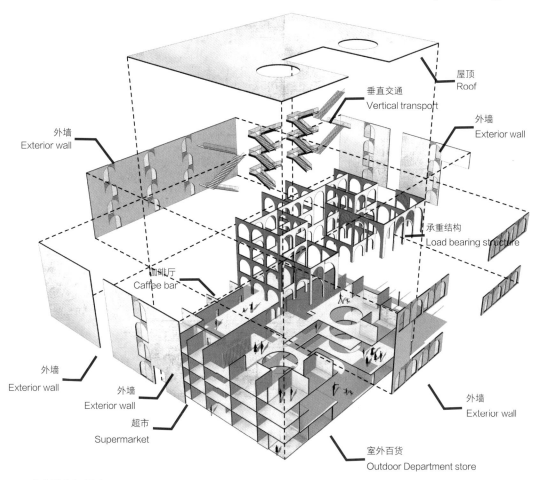

屋顶
Roof

垂直交通
Vertical transport

外墙
Exterior wall

外墙
Exterior wall

承重结构
Load bearing structure

咖啡厅
Caffee bar

外墙
Exterior wall

外墙
Exterior wall

外墙
Exterior wall

超市
Supermarket

室外百货
Outdoor Department store

二百商业楼分解轴测图

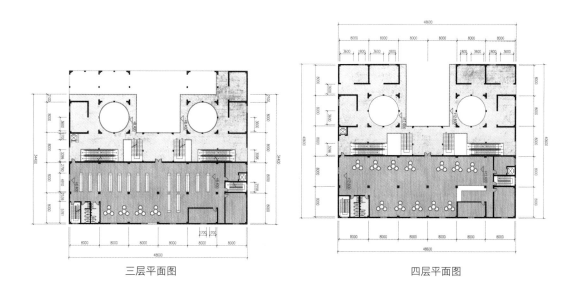

三层平面图　　　　　　　　　四层平面图

北京市长辛店片区城市与建筑更新设计

组员：李倩芸、琚京蒙、赵芳斌　　指导教师：杨绪波

■ 现状调研分析

区位分析

长辛店老镇位于北京市丰台区，中心城西南部，永定河西岸，距市区广安门13.5km。老镇西侧为京广铁路，东侧为京石高速公路，京周路自北向南穿过老镇。

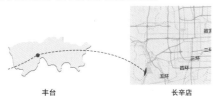

丰台　　　　　　　长辛店

文化背景

商贸文化：由于长辛店从明清至民国一直作为进出北京的交通中转站和商贸城镇，工商业非常发达，场地内有老字号聚来永。

宗教文化：历史上老镇商贾游客云集、三教九流汇聚。各种宗教信仰都在老镇生根，场地内有清真寺、火神庙等宗教建筑。

民居文化：由于长辛店老镇商贸的发展，该地区居住了众多乡绅大户，为老镇留下了大量具有特色的北方民居。

红色文化：长辛店是中国工人运动的摇篮，留下了诸多工人运动历史遗存。

铁路文化：长辛店站始建于清光绪二十五年（1899年）。新中国成立后成为三等站。

上位规划

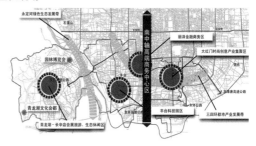

长辛店古镇主要发展旅游和文化创意产业，将被打造成为宜居宜业宜游、环境优美的生态城镇、首都园林文化休闲镇。长辛店老镇将保护性修缮汇聚各种文化的长辛店大街，打造京西古镇总部会所聚集地、休闲度假目的地和驿站文化为主的京西特色小镇。

沿永定河绿色生态发展带，以青龙湖—长辛店会展旅游休闲区的建设带动，植入文化体验、生态休闲等产业类型；营造长辛店低碳社区、古镇驿站等特色旅游区。

规划用地范围

规划用地位于北京市丰台区长辛店镇，北起周口店路与长辛店大街交汇处，南至曹家口路；西临京汉铁路，东临周口店路。规划用地面积：18hm²。

现状分析

老镇现阶段长期固定居住人口约1.5万人，整个片区占地面积约为68hm²，住宅房屋总建筑面积约31万m²（包括直管公房、单位公房、居民私房等产权类型），企事业单位房屋总建筑面积约12万m²（20余家）。

现状分析

街道立面

街道空间分析

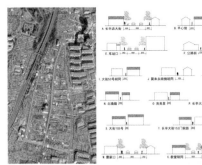

建筑现状分析

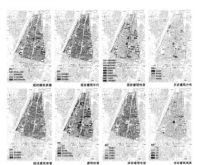

SWOT 分析

S: 长地区传统街巷肌理保存完整，多种宗教文化融合共存，历史文化种类多样。毗邻永定河生态带

W: 缺少强有力的特色以支撑区域整体发展，场地内特色建筑保存价值不高，位置不理想，交通可达性不强

O: 毗邻永定河绿色生态发展带上，政策上大力支持，结合京西大部分山区发展色旅游

T: 古镇趋同化导致的审美疲劳，古北水镇的开发，南锣鼓巷、前门大街等历史街区的竞争

问题总结

空间：长辛店内违建严重，挤压公共空间，绿化公共空间严重不足，无障碍设施不完善。

道路：长辛店整体鱼骨状道路肌理保持完整，中间被长辛店大街穿越，长辛店大街商业潜力较大，胡同街巷有一定趣味性。

商业：长辛店区域商业主要以零售为主，生活气息浓厚，但是缺少强有力的竞争力。

文化：长辛店内多重文化和谐共存，但各类文化缺少交流，且与民众的互动较少，因此文化并不是十分活跃。

■ 目标与策略

设计策略

1. 定位：将长辛店定位为历史特色古镇。面向的人群为游客和居民，为游客和周边居民提供感受北京市井生活和休闲散步的好去处。

2. 保留：整体格局保留原"鱼骨状"道路格局，保留原有场地内的公共设施，塑造乡愁记忆点的同时吸引周边居民返回该区域。

4. 管理：规范创意的管理模式，为来该区域的人群提供优质服务，注意空间互动，避免不良业态的入侵。

3. 发展：发扬当地特色，避免古镇同质化，结合场地原有特色推陈出新，从而为古镇注入新的活力。

目标人群

老人：片区内老人较多，而养老设施与公共空间较少，养老院和供遛弯锻炼的公共空间需求量很大。

儿童：片区内原有两所幼儿园，随着二胎政策的开放，儿童数量会越来越多，因此幼儿园不可或缺。

游客：游客需要便利的交通设施和独特的旅游文化体验，食宿等硬件设施应当提升以满足游客需求，同时要有当地特色。

周边居民：搬迁的居民都被安置在周边，区域内应有足够的硬件设施以满足周边居民的日常生活、娱乐需求。

■ 方法与措施

路线设计

居民路线：本地居民参与文化生活，提高生活质量。

年轻人路线：让年轻人体验文化创意与历史文化。

老年人路线：体验丰富的养老、文化体验生活。

游客路线：了解与体验长辛店的历史人文精神。

本市游客一日游路线：以长辛店大街为轴，体验社区文化与趣味胡同空间。

外地游客两日游路线：以长辛店大街为界，深入体验本地特色文化。

传统文化互动路线：以长辛店大街为轴，将特色文化点串联，增加互动。

乡愁怀旧路线：将保留形式但功能改变的建筑串联，为原住居民保留乡愁。

区域规划

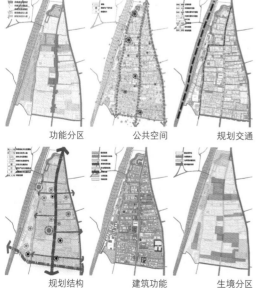

功能分区　　　公共空间　　　规划交通

规划结构　　　建筑功能　　　生境分区

院落改造

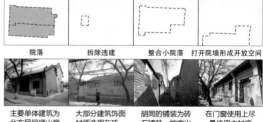

院落　　拆除违建　　整合小院落　　打开院墙形成开放空间

主要单体建筑为北方民居硬山屋顶形式

大部分建筑饰面材质选用灰砖，局部红砖

胡同的铺装为砖石铺装，能突出传统特色

在门窗使用上尽量使用木材质

　　院落改造：拆除违建；恢复院落的本来面貌，将建筑原本的立面显现出来。整合小院落：过小的院落既不利于生活，也不利于改造，将几个小院落合并，可以增加院落空间的层次，促进院落空间的流动性，提升院落趣味性，同时为院落与建筑的改造提供了空间与更多的可能性。

　　改造部分房屋：对于古建筑特征比较明显的建筑，对其进行风貌保护；对于特征不明显的建筑，可改造成现代风格建筑；还可以通过增加连廊等方式，丰富院落空间，增加空间的层次，使内部空间与外部空间，内部空间各部分之间相互渗透。

■ 规划与愿景

总平面图：1：1200

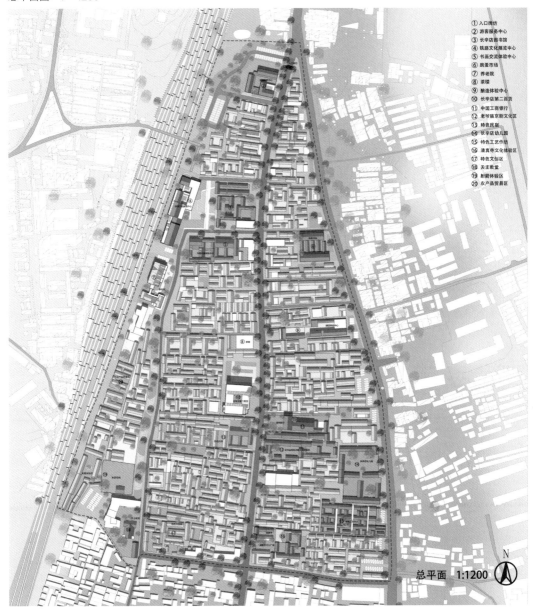

①入口牌坊
②游客服务中心
③长辛店图书馆
④铁路文化展览中心
⑤书画交流体验中心
⑥跳蚤市场
⑦养老院
⑧茶楼
⑨酿造体验中心
⑩长辛店第二百货
⑪中国工商银行
⑫老爷庙京剧文化区
⑬特色民宿
⑭长辛店幼儿园
⑮特色工艺作坊
⑯清真寺文化体验区
⑰特色文创区
⑱天主教堂
⑲射箭体验区
⑳农产品贸易区

总平面　1:1200

N

1. 新建入口牌坊；2. 在原来邮局的位置新建游客服务中心，为特色小镇的公共服务设施；3. 新建社区图书馆，增强片区的文化氛围；4. 长辛店车站改造成为铁路文化展览中心；5. 新建书画交流中心；6. 新建跳蚤市场，主要服务对象为当地居民，提供公共服务设施；7. 联通服务楼改造成养老院，缓解养老问题；8. 新建茶楼；9. 原酿造厂改为酿造体验中心，宣传酿造文化；10. 长辛店第二百货公司改造成综合体，实现业态升级；11. 改造中国工商银行，将其改造成合院形式；12. 老爷庙遗址以及社区服务中心进行功能上的调整，充分利用主殿后的戏台，改造成戏曲体验中心；13. 第二百货以南的一列居住建筑改造成特色民宿，让游客有长时间停留的机会；14. 长辛店幼儿园；15. 传统居住院落改造成特色工艺作坊；16. 对清真寺进行修缮，扩大其院落规模，预留出大片空地作为清真寺文化广场，扩大其影响力；17. 特色文创区；18. 天主教堂；19. 射箭体验区；20. 农产品交易区，解决居民生活问题，也可以为迁出长辛店大街的水货摊位提供交易场所。

北京市长辛店片区城市与建筑更新设计

鸟瞰图

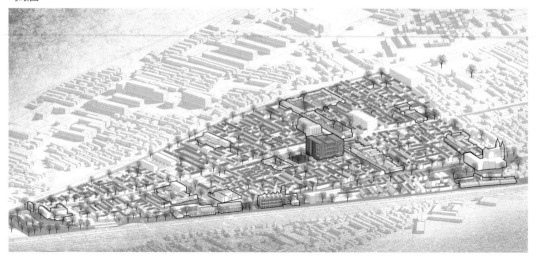

层级设计

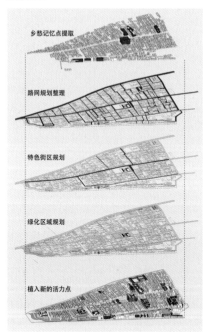

改造后街道效果图

■ 结论与展望

　　作者在调研过程中了解到，绝大多数居民对于长辛店具有强烈的归属感和认同感。设计者应充分认识到，在设计和工程结束后，生活并经营此地，可以在各个时段源源不绝为长辛店街区带来动力的一定是这里的居住者。因此设计方案应充分发挥居民的主体性，最大限度地满足居民生产生活的需求。各种工作应始终围绕人居环境的改善开展，让仅存的居民更加有尊严地生活在长辛店这个寄存着几代人不可磨灭的回忆的老镇。

■ 建筑设计——长辛店车站改造

鸟瞰图

设计说明

项目为历史建筑的改造，在对建筑加以必要的保护的前提下，以科学利用为导向，遵循新时代背景下的文化遗产保护趋势，提出适宜的方案，改造火车站旧址，将其建成为能够给周边生活的居民带来方便并改善和提高生活品质的场所、弘扬长辛店铁路文化的载体以及整个老镇规划项目中重要的活力点，重新赋予它新的历史使命，唤醒城市记忆。

历史价值

作为京汉铁路大站之一的长辛店火车站，曾是多个铁路相关机构聚集地，是中国共产党最早建立工会组织、发动"二七大罢工"的重要代表地之一。长辛店火车站作为一处历史遗迹，在老镇文化复兴中起着至关重要的作用。

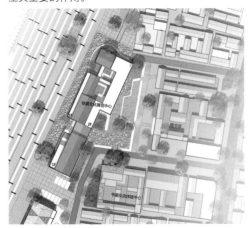

设计图纸

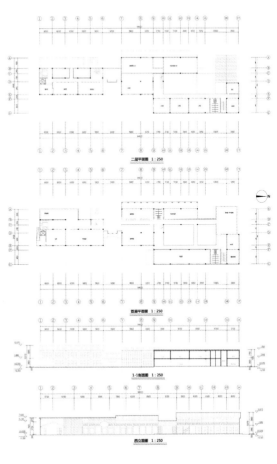

■ 建筑设计——长辛店第二百货大楼改造

建筑现状

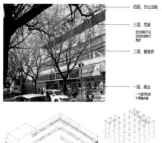

四层, 办公出租

三层, 荒废
因为内部不规范而不能使用于整改

二层, 健身房

一层, 商业
一个空间被当于营业活动

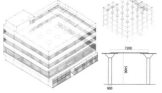

7200

5400

600

现存建筑一共四层, 结构为混合结构, 主体结构为无梁楼盖, 一圈环状楼盖, 没有梁, 后来加建部分为框架结构, 柱子高5400mm, 直径600mm为围柱, 柱间距7200mm。

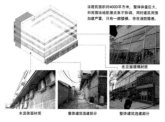

该建筑面积约4000平方米, 整体体量巨大, 和周围场地地脉关系不协调, 同时建筑用围加建严重, 只有一部楼梯, 存在消防隐患。

北立面玻璃材质

水泥抹面材质   整体建筑改建部分   整体建筑改建部分

设计策略

　　针对总结出的建筑现状问题, 逐一提出设计策略。

1. 建筑体量大, 风格与周边不符: 拆除违建, 恢复原本格局, 打破单一化体块。

2. 如何保留乡愁记忆点: 提取原有建筑功能, 重置到改建后建筑中。

3. 如何增加活力点: 置入新功能。

4. 消防不达标: 置入交通核心。

改造的整体步骤主要分为两个部分: 体块分解和功能重置。

体块分解

正房

西厢房　院子　东厢房

倒座房　大门

简化

正房
隔房
倒座

功能重置

　　提取原有的建筑的功能, 将功能打包, 重新置入新功能, 使之符合现有建筑风格, 以达到与周边建筑风格相协调的目的。

健身空间
办公空间
交通空间
商业空间

剖面透视图

首层平面图

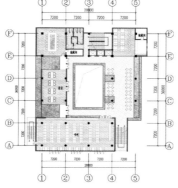

二层平面图

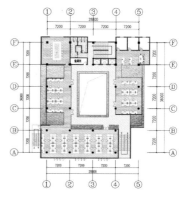

三层平面图

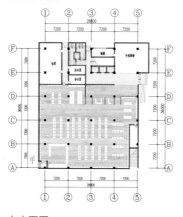

四层平面图

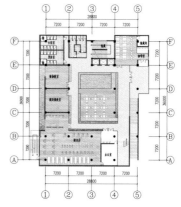

东立面图

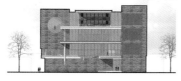

西立面图

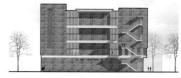

鸟瞰图

透视图

■ 建筑设计——长辛店养老院

首层平面图

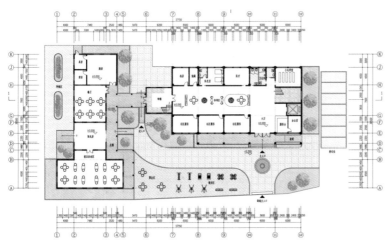

建筑现状

该建筑位于长辛店片区西北处，原长辛店火车站南侧，东临教堂胡同，西为京广铁路。目前建筑处于半废弃状态，只有一层对外营业；建筑结构保存完好，建筑东侧的教堂胡同可通车，交通较为便利。

总平面图

总平面图 1:500

二层平面图

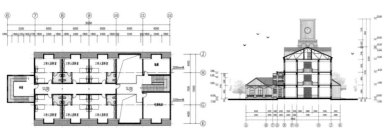

北京市长辛店片区城市与建筑更新设计

鸟瞰图

低碳节能技术

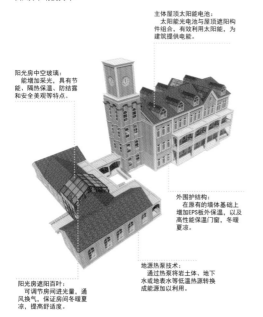

主体屋顶太阳能电池：
太阳能光电池与屋顶遮阳构件组合，有效利用太阳能，为建筑提供电能。

阳光房中空玻璃：
能增加采光，具有节能、隔热保温、防结露和安全美观等特点。

外围护结构：
在原有的墙体基础上增加EPS板外保温，以及高性能保温门窗，冬暖夏凉。

地源热泵技术：
通过热泵将岩土体、地下水或地表水等低温热源转换成能源加以利用。

阳光房遮阳百叶：
可调节房间进光量，通风换气，保证房间冬暖夏凉，提高舒适度。

无障碍分析

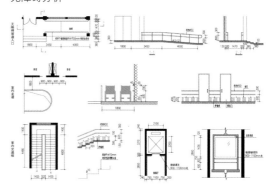

单元分析

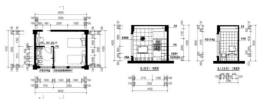

立面图

效果图

断裂与重构——文化韧性视野下的长辛店概念规划设计

组员：丁浩然　　指导教师：王鑫

■ 现状调研分析

区位分析

地理区位：长辛店位于北京市西南五环之外。京广铁路、京港澳高速都分别从老镇的西侧和东侧经过，京周公路自北向南穿过老镇。

景观区位：长辛店紧邻即将搬迁的二七机车厂和记述"二七大罢工"事件的二七纪念馆，同时与卢沟桥、宛平城隔水相望。

竞争点分析

长辛店周边景点众多，均匀分布在长辛店周边5~10km范围内。这给长辛店带来了很大的发展聚集效应的同时，也带来了许多竞争。

现状交通条件

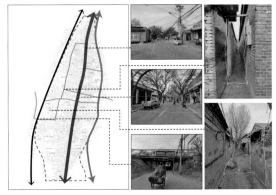

总结

长辛店大街路权使用较为混乱，部分街巷空间过度狭窄，无法满足消防等安全要求；且无停车设施，街道占用现象十分严重，严重影响了镇区居民的安全。古镇与西侧二七机车厂部分仅有一处下穿铁路线相连，净空限制为2.5m，无法满足居民日常需求。

镇区核心位置位于大街中间，南北两侧店铺较少。业态分布不均衡，没有形成集聚效应。现状风貌保存较为完好，长辛店大街两旁的店铺现状不容乐观，业态分布较为混杂，缺少一些必要的服务设施。

历史沿革

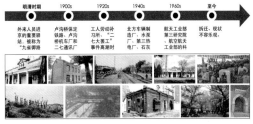

自明清时期开始，长辛店就被称为九省御路，1920年代的二七大罢工事件的发生地。这里也是北方车辆制造厂、航天工业部院等科研院所曾在此地办公，但如今城镇活力不足。

上位规划

长辛店老镇文化街应突出文化特色，发展非物质文化遗产等文化商业。长辛店古镇将主要发展旅游和文化创意产业。规划定位为丰台区文化驱动"卢沟桥—长辛店文化板块"。规划培育"园博园—长辛店商圈"。利用好长辛店绿色生态优势。古镇应通过文化复兴引入新的文化活力，带动旅游休闲产业。

现状建筑与功能

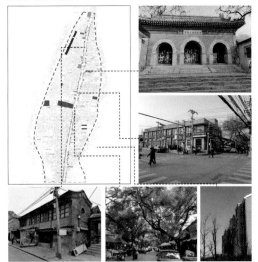

断裂与重构——文化韧性视野下的长辛店概念规划设计

■ **目标与策略**

设计理念

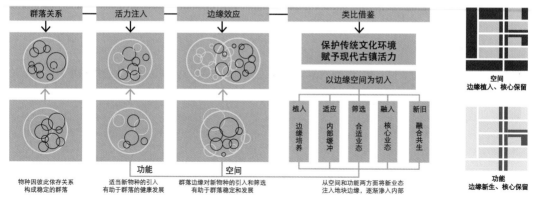

群落关系	活力注入	边缘效应	类比借鉴

保护传统文化环境
赋予现代古镇活力

以边缘空间为切入

植入	适应	筛选	融入	新旧
边缘培养	内部缓冲	合适业态	核心业态	融合共生

空间
边缘植入、核心保留

功能
边缘新生、核心保留

物种因彼此依存关系
构成稳定的群落

适当新物种的引入
有助于群落的健康发展

功能

群落边缘对新物种的引入和筛选
有助于群落稳定和发展

空间

从空间和功能两方面将新业态
注入地块边缘，逐渐渗入内部

技术路线

功能整合

地块仍保持其各自主要功能，主体功能与其附属功能相整合。

文化传承

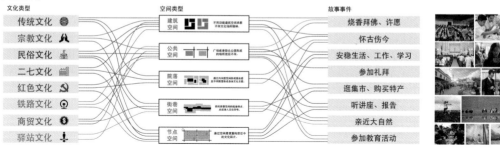

文化类型	空间类型	故事事件
传统文化	建筑空间	烧香拜佛、许愿
宗教文化	公共空间	怀古伤今
民俗文化	院落空间	安稳生活、工作、学习
二七文化	街巷空间	参加礼拜
红色文化	节点空间	逛集市、购买特产
铁路文化		听讲座、报告
商贸文化		亲近大自然
驿站文化		参加教育活动

■ **规划与愿景**

镇区规划

镇区道路规划 镇区绿地规划 镇区公服规划 镇区基础设施规划

■ 规划与愿景

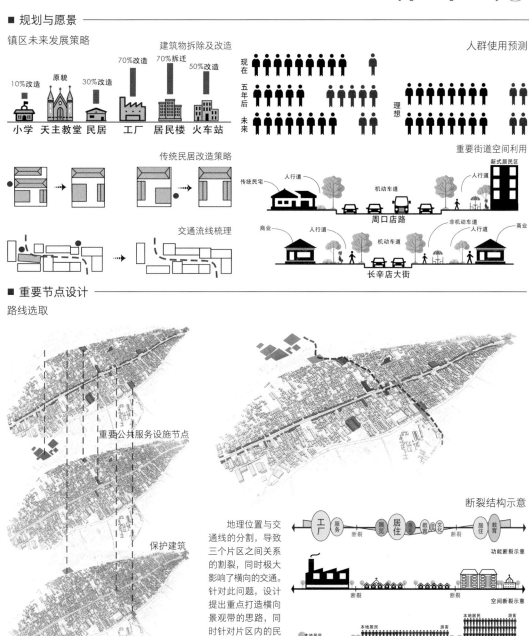

镇区未来发展策略

建筑物拆除及改造

10%改造 原貌 30%改造 70%改造 70%拆迁 50%改造
小学 天主教堂 民居 工厂 居民楼 火车站

人群使用预测

现在
五年后
未来

理想

传统民居改造策略

重要街道空间利用

传统民宅 人行道 机动车道 人行道 新式居民区
周口店路

商业 人行道 机动车道 非机动车道 人行道 商业
长辛店大街

交通流线梳理

■ 重要节点设计

路线选取

重要公共服务设施节点

保护建筑

重要交通节点

地理位置与交通线的分割，导致三个片区之间关系的割裂，同时极大影响了横向的交通。针对此问题，设计提出重点打造横向景观带的思路，同时针对片区内的民居及空间活力点予以规划设计。

断裂结构示意

工厂 服务 断裂 展览 居住 教育 文化 断裂 居住 教育
功能断裂示意

断裂 断裂
空间断裂示意

本地居民 本地居民 游客 本地居民 游客
断裂 断裂
活力断裂示意

方案生成 民居建筑改造方式

包 叠 连
换 补 架

二七机车厂功能赋予

断裂与重构——文化韧性视野下的长辛店概念规划设计

总平面图

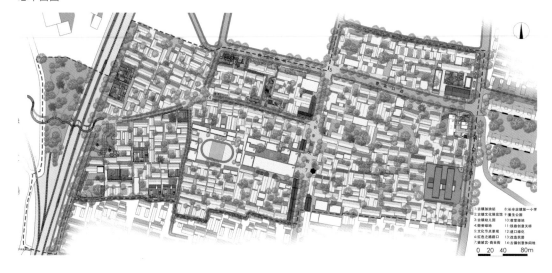

鸟瞰图

节点透视

节点透视

概念轴侧

北京长辛店片区更新规划设计——故乡·异乡

组员：戴伟斌　　指导教师：张育南

场地现状问题

问题：场地内部路网破碎，存在断头路，且同行量不足。

断头路 End roads

场地对外交通主要依靠周口店路、京深路和京港澳高速。

到达场地较为便捷，但场地内部道路不通达，存在很多院落内部的小道路。

道路狭窄 Narrow roads

长辛店大街现状

教堂胡同现状

门面缺乏修缮

便民服务性商业

问题：两条内部主要道路门面缺乏修缮，整个片区缺乏人气。

各个类型 sing 的商店场内部都有，但由于招牌长时间未经修缮，具体功能不明确。

场地内部多为服务于居民的一些小商店或是"菜篮子"的一些服务性商业缺乏带动人气的点。

区位分析

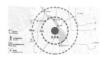

地理区位

旅游区位

历史沿革

场地内部物质空间状况

建筑质量

建筑年代

建筑性质

建筑功能

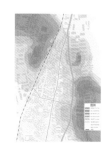

场地高程

轴侧分析图

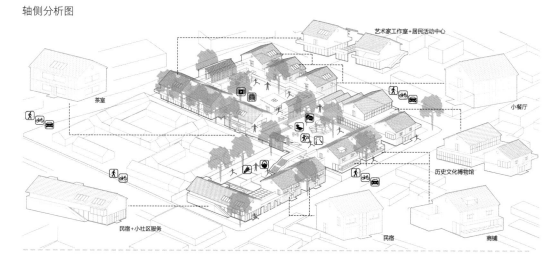

艺术家工作室+居民活动中心

茶室

小餐厅

历史文化博物馆

民宿+小社区服务

民宿

商铺

平面图

人群活动

活动规律

北侧路口　　　　　　小广场　　　　　南侧路口

A　　　　　　　　B　　　　　　　　C

活动空间

道路情况

道路尺度1

道路尺度2

内部主要人行道路
内部主要车行道路

场地改造前后对比

I.

II.

III.

长辛店片区城市更新规划设计

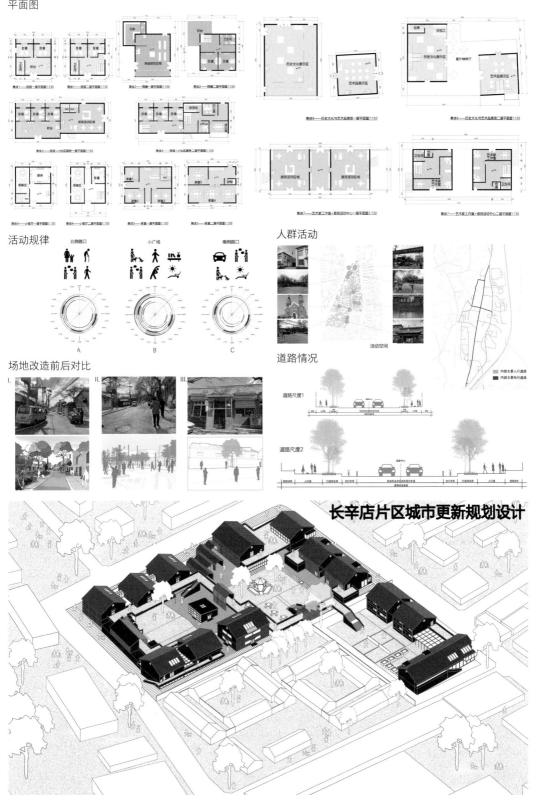

北京长辛店片区更新规划设计——故乡·异乡

总平面图

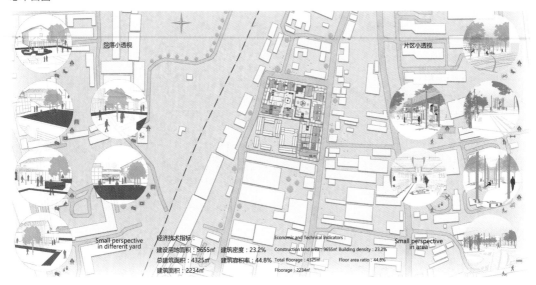

院落小透视 片区小透视

Small perspective in different yard

经济技术指标：
建设用地面积：9655㎡ 建筑密度：23.2%
总建筑面积：4325㎡ 建筑容积率：44.8%
建筑面积：2234㎡

Economic and Technical indicators :
Construction land area : 9655㎡ Building density : 23.2%
Total floorage : 4325㎡ Floor area ratio : 44.8%
Floorage : 2234㎡

Small perspective in area

不同尺度的广场

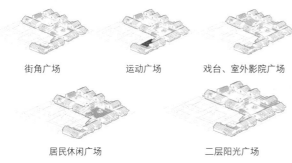

街角广场　　　运动广场　　　戏台、室外影院广场

居民休闲广场　　　　二层阳光广场

单体建筑功能

建筑类型

功能

使用人群

设计思路分析

基地选址

被两条场地内部人流量较大所包围，商业利用价值最高，位于老长辛店货运站的东面，有文化利用价值。
场地内部有既有建筑围合成空地，形成院落。
新建建筑与既有建筑进行有机结合。

形态生成

北京四合院

四合院元素抽离

院房　　　庭院

业态分布

商业建筑
公共建筑
居住建筑

场地内部置入餐厅、小工艺品、纪念品贩卖、民宿等盈利性的建筑的同时结合展览艺术品。
展示场地历史的博物馆的文化建筑。

建筑体量

连接空间
庭院空间

建筑多采用一层与二层的高度，与周围的建筑高度保持统一，不显突兀。

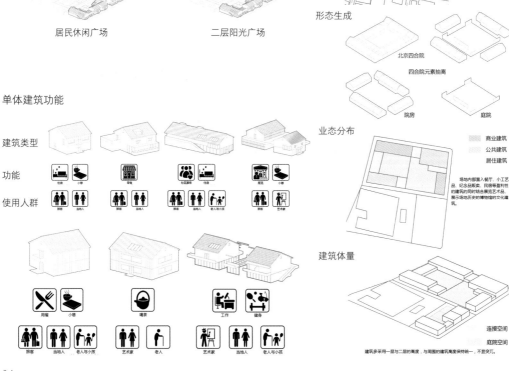

节点分析

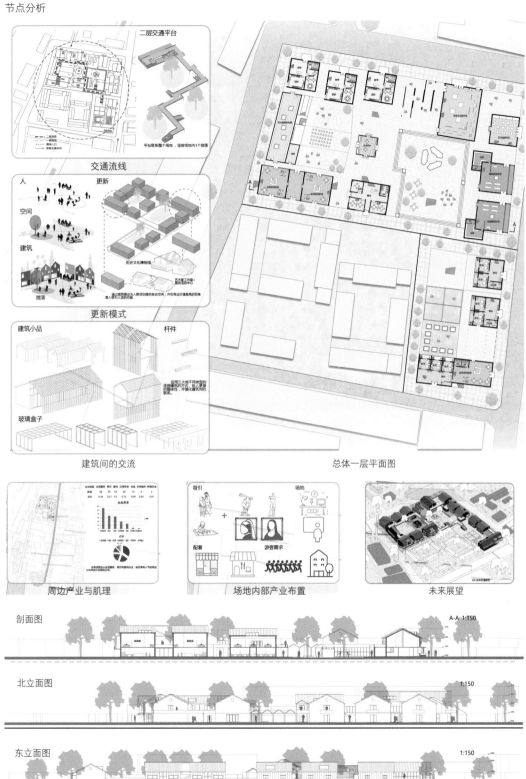

二层交通平台

平台联系整个场地，连接场地内3个院落

交通流线

人

空间

建筑

院落

更新

历史文化博物馆

通过建筑置换为人群活动提供聚合空间，并在商业介值最高的街角置入人流引导性

更新模式

建筑小品

杆件

玻璃盒子

运用三大类不同类型的连接建筑的方式，融入更强的灵活性，并强化建筑间的联系。

建筑间的交流

总体一层平面图

周边产业与肌理

吸引 场地

配套 游客需求

场地内部产业布置

未来展望

剖面图

A-A 1:150

北立面图

1:150

东立面图

1:150

北京长辛店片区更新规划设计——唤醒城市

组员：董星辰　　指导教师：张育南

区位分析

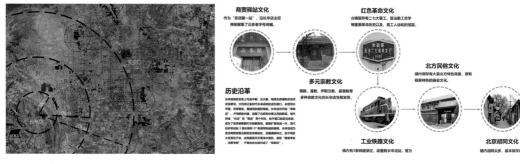

商贾驿站文化

作为"京汉第一站"，沿长辛店主街
两侧聚集了众多老字号商铺。

多元宗教文化

佛教、道教、伊斯兰教、基督教等
多种宗教文化在长辛店生根发芽。

红色革命文化

古镇镇保存有二七大罢工、留法勤工俭学
等重要革命历史以来，工人运动的缩影。

北方民俗文化

镇内保存着大量北方特色民风，原有
极具特色的庙会文化。

工业铁路文化

镇内有3条铁路穿过，设置有长辛店站，曾为

北京胡同文化

镇内胡同众多，基本保存完好

历史沿革

场地现状研究

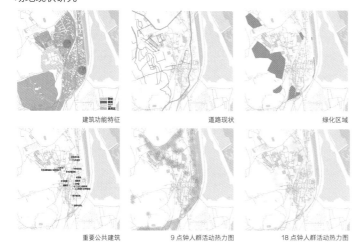

建筑功能特征　　道路现状　　绿化区域

重要公共建筑　　9点钟人群活动热力图　　18点钟人群活动热力图

上位规划

北京城市总体规划（2016—2035）
完善历史文化名城保护体系。推进大运河文化带、长城文
化带、西山永定河文化带的保护利用。加强历史建筑及工业遗产保护。加强名镇名村、传统村落保护与发展。

北京市"十三五"时期旅游业发展规划
丰台区重点发展红色旅游和滨水休闲旅游，打造"国家纪
念地"和都市休闲旅游区。
支撑项目：长辛店古镇文化旅游开发项目。

丰台区"十三五"规划纲要
丰台将打造"一带两区多组团"文化创意产业新格局。将
结合永定河绿色生态发展带建设构建卢沟桥—宛平城—长
辛店古镇文化创意产业集聚区。

北京市丰台区"十二五"时期旅游业发展规划
永定河绿色生态发展带。突出历史文化、商务服务、文化
创意、旅游休闲特色，形成红色旅游、滨水休闲、高端时尚、
绿色生态，兼具防洪、公共游憩等多种功能的旅游新空间。

长辛店镇"十三五"规划纲要
丰台区文化创意产业的重要节点。
记录传统、留住乡愁的"古镇文化"名片。挖掘镇域文化遗
产的价值，整合优化文化旅游资源。

轴测图

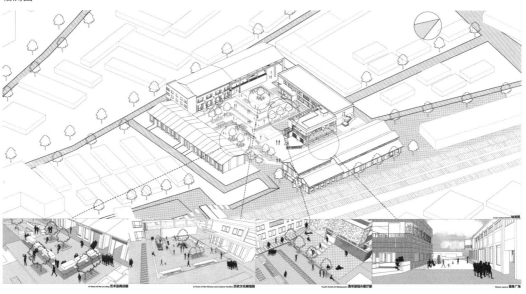

艺术品商店前　　历史文化展馆前　　青年旅馆&餐厅前　　健身广场

场地现状

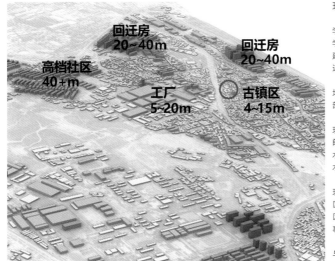

回迁房
20~40m

回迁房
20~40m

高档社区
40+m

工厂
5~20m

古镇区
4~15m

现有建筑高度

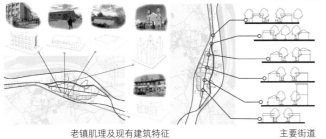

老镇肌理及现有建筑特征　　　　　主要街道

现状总结

学校主要集中在场地东侧居住集密区域，包括幼儿园、小学、中学。工厂大小不一散落在场地西侧人口密度较低及建筑较少、绿地较为丰富的地带。医院分布在东侧古镇附近，方便人口密度最大的区域。

地区现状道路系统较为混乱，由于铁路和工厂的存在出现部分断头路，铁路将道路体系东西分开，使其连通性减弱。

现状绿地集中在中部地区，景观效果欠佳，绿地结构不明朗，居住区、古镇缺少供游憩的绿地空间。场地紧邻大宁水库，可是景观被铁路所阻隔。场地内部有两条河流过，水质不佳，且没有形成较为完整的体系。

现存国家级文物保护单位1处，市级文物保护单位2处，区级文物保护单位两处及一些其他重要公共历史建筑，辖区内有完整的商业、服务文教卫生等配套设施，有众多企事业单位，历史要素集中在场地东侧。

与建筑密度呈现的趋势相同，人群活动范围也偏向东侧。南侧有较为集中的居住区，整体趋势贴近主干道。与上午相比，下午大的活动范围没有改变，但活动强度增大，部分工作地区例如工厂人流量增大。

场地现有建筑各有特色，有宗教建筑、仓储建筑等，还有古镇保留下来的旧建筑，教学楼、居民楼等新建筑。

古镇内道路狭窄，为双向车道，古镇区域内道路两旁建筑最高不超过三层。

建筑高度整体呈西北高，东南低的趋势。多层、高档小区分布在地块边缘，长辛店古镇风貌保持比较完整。

总平面

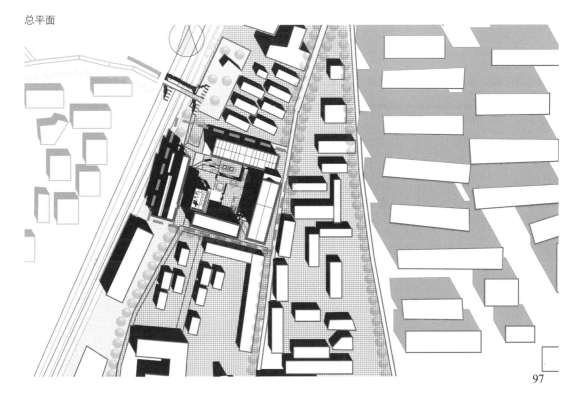

北京长辛店片区更新规划设计——唤醒城市

概念分析

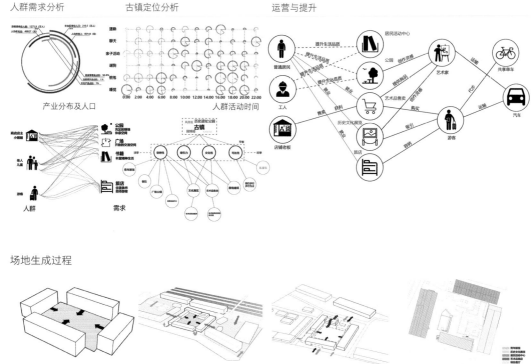

人群需求分析
古镇定位分析
运营与提升

产业分布及人口
人群活动时间

人群
需求

场地生成过程

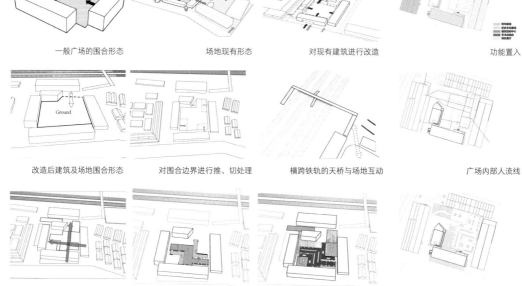

一般广场的围合形态
场地现有形态
对现有建筑进行改造
功能置入

改造后建筑及场地围合形态
对围合边界进行推、切处理
横跨铁轨的天桥与场地互动
广场内部人流线

场地东西南北两侧建筑相对，形成轴线
中心区域抬高，连接各个建筑
将整个场地分隔成不同氛围的小广场
场地绿化覆盖

广场东立面图

艺术品商店前
历史文化展馆前
健身广场

一层平面图

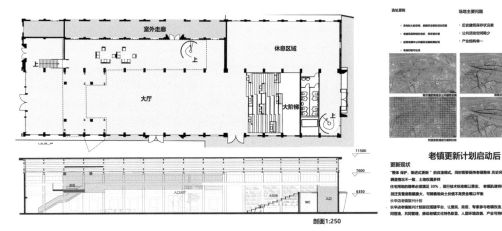

室外走廊
休息区域
大厅
大阶梯
WC
入口

剖面1:250

老镇更新计划启动后

分层分析

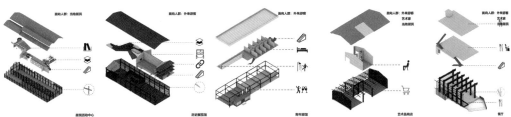

场景表达

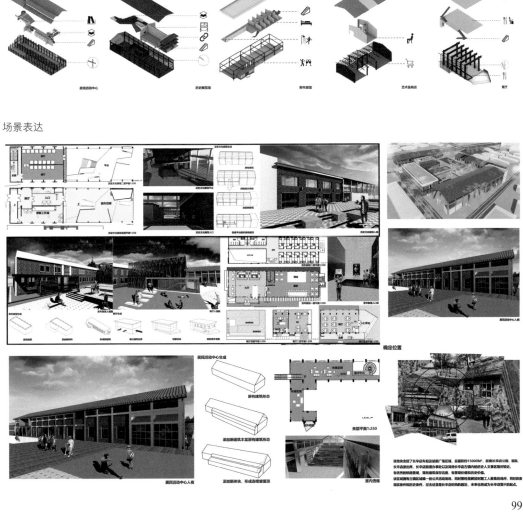

确定位置

澡堂今话：长辛店道西区老人儿童活动中心设计

组员：胡晓璇　　指导教师：潘曦

■ 1 现状调研分析

1.1 古镇历史文化分析

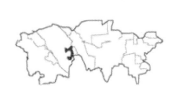

丰台区　　　　　　　长辛店

古镇长辛店有着千年历史，红色文化、古镇文化和工业文化是其最重要的三大文化。近年来随着工业生产逐渐迁出及对外交通不再便利，这个原本靠着区位发家的古镇失去了区位优势，它的身份也在发生转变。政府欲利用这个丰富的历史文化资源将其打造成为西山永定河文化带上的一个旅游节点。目前长辛店正面临着棚改，部分居民恐乡愁难觅。

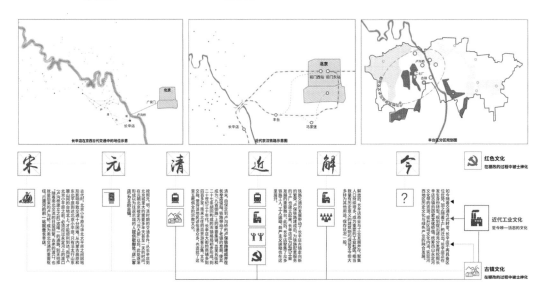

1.2 基地分析

1.2.1 关于工人浴池历史沿革及现状

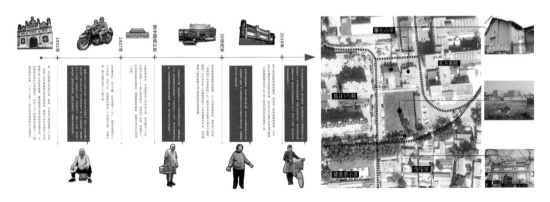

1.2.2 基地人口结构及基础设施现状整理

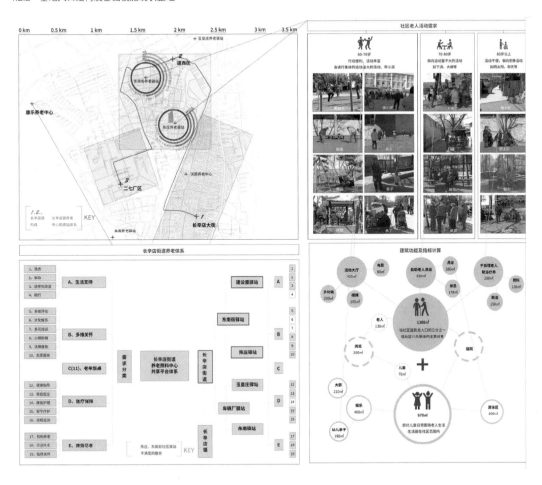

■ 2 方案设计

2.1 方案生成及总平面图

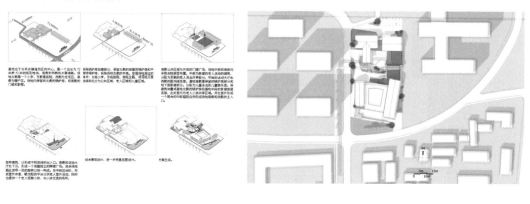

2.2 平面图及流线分析

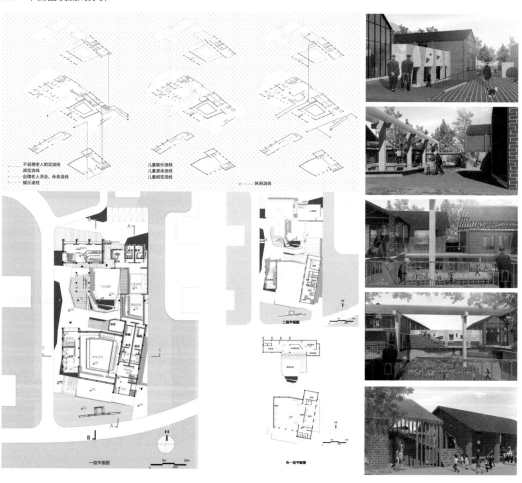

2.3 剖面及立面图

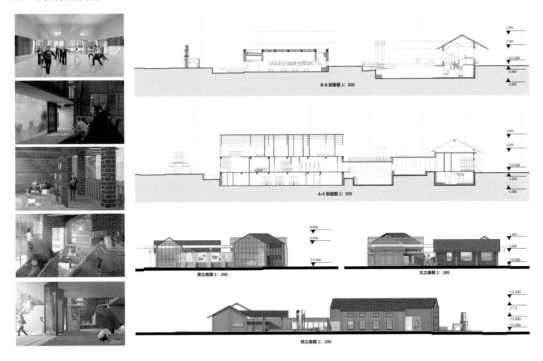

B-B 剖面图 1: 200

A-A 剖面图 1: 200

南立面图 1: 200

北立面图 1: 200

西立面图 1: 200

2.4 剖轴测图

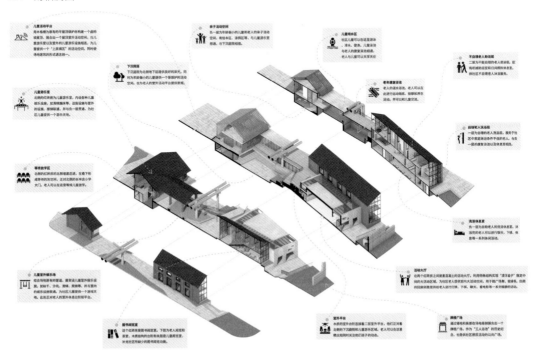

2.5　剖透视图

寻忆：长辛店古镇的解析

组员：张舒钰　　指导教师：潘曦

■ 现状调研分析

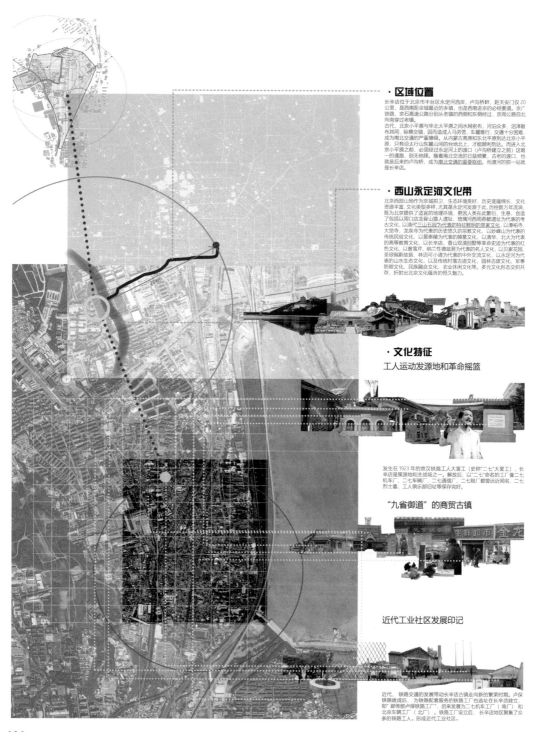

·区域位置

长辛店位于北京市丰台区永定河西岸，卢沟桥畔，距天安门仅20公里，是西南距京城最近的乡镇，也是西南进京的必经要道。京广铁路、京石高速公路分别从老城的西侧和东侧经过，京周公路自北向南穿过老镇。

古代，北京小平原与华北大平原之间水网密布，河沼众多，沼泽散布其间，纵横交错，因而造成从马劳苦，车履难行，交通十分困难，成为南北交通的严重障碍。从内蒙古高原和东北平原到达北京小平原，只有沿太行山东麓山间的台地北上，才能顺利到达。而进入北京小平原之后，必须缝过永定河上的渡口（卢沟桥建立之前）这唯一的路径，别无他择。随着南北交通的日益频繁，古老的渡口，也就是后来的卢沟桥，成为南北交通的重要枢纽，而渡河的前一站就是长辛店。

·西山永定河文化带

北京西部西山地作为京城拱卫，生态环境良好，历史底蕴绵长，文化资源丰富，文化类型多样。尤其是永定河发源于此，历经数万年流淌，既为北京提供了适宜的地理环境，更因人类在此繁衍、生息，创造了包括山顶口店龙骨山猿人遗址、琉璃河西周燕都遗址为代表的考古文化，以清代三山五园为代表的特征鲜明的皇家文化，以潭柘寺、大觉寺、龙泉寺为代表的历史悠久的宗教文化，以妙峰山为代表的传统民俗文化，以景泰陵为代表的陵墓文化，以清华、北大为代表的高等教育文化，以长辛店、香山双清别墅等革命史迹为代表的红色文化，以曹雪芹、纳兰性德故居为代表的名人文化，以贝家花园、圣母保禄故园、碉楼等为代表的中外交流文化，以永定河为代表的山水生态文化，以及传统村落古道文化、园林古建文化、军事防御文化、民族融合文化、农业休闲文化等。多元文化形态交织共存，折射出北京文化蕴含的恒久魅力。

·文化特征

工人运动发源地和革命摇篮

发生在1923年的京汉铁路工人大罢工（史称"二七"大罢工），长辛店是策源地和主战场之一。解放后，以"二七"命名的工厂像二七机车厂、二七车辆厂、二七通信厂、二七链厂都曾远近闻名。二七烈士墓、工人俱乐部旧址等保存完好。

"九省御道"的商贸古镇

近代工业社区发展印记

近代，铁路交通的发展带动长辛店古镇走向新的繁荣时期。卢保铁路建成后，为铁路配套服务的铁路工厂也成站在长辛店建立，即"郎坊卢保铁路工厂"，后来发展为二七机车厂（南）和北京车辆厂（北）。铁路工厂设立后，长辛店地区聚集着众多的铁路工人，形成近代工业社区。

长辛店铁路员工浴池历史

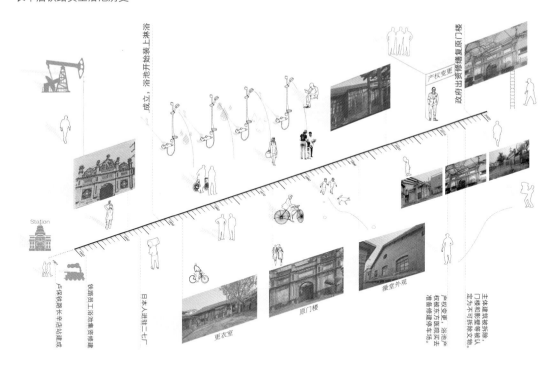

■ 目标与策略

现有基础设施服务范围

现有老年人服务中心　　饭堂　　法律咨询及医务室

日间照料　　室外活动空间　　小卖部

基地服务范围

基地现状

人群年龄层

■65+ 老年人 □50-60 老年人 ■青年 ⊠儿童

功能确定

儿童室内活动
儿童室外活动
老人室内活动
老人室外活动
全年龄段居民 / 游客

娱乐
购物
文化
生活服务

分区室内活动区域
庭院活动
阅览室 / 放映厅
超市
澡堂
展厅

入口大厅
后勤区域
厕所
布草间

所需功能　　补充功能

寻忆：长辛店古镇的解析

院落格局分析

南北合院院落　东西合院院落　阵列形院落　长条形院落

访谈记录

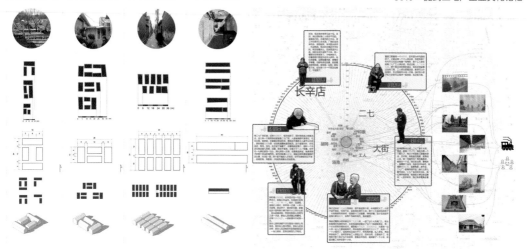

■ 形态生成

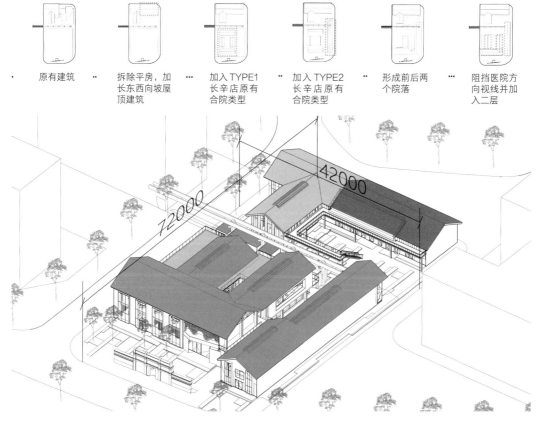

· 原有建筑

·· 拆除平房，加长东西向坡屋顶建筑

··· 加入 TYPE1 长辛店原有合院类型

加入 TYPE2 长辛店原有合院类型

形成前后两个院落

··· 阻挡医院方向视线并加入二层

■ 建筑设计

总平面图

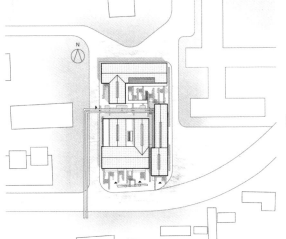

负一层平面图

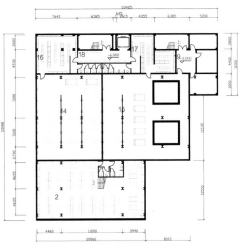

一层平面图

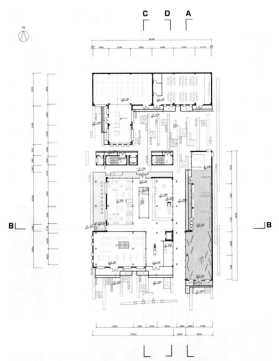

二层平面图

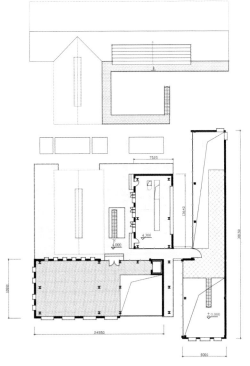

1. 入口大厅	7. 澡堂楼梯	13. 屋顶阶梯
2. 超市	8. 阅览室	14. 女浴池
3. 老人茶歇区	9. 藏书室	15. 男浴池
4. 儿童活动区	10. 多功能厅	16. 女更衣室
5. 展厅	11. 放映厅	17. 男更衣室
6. 澡堂售票亭	12. 老人活动区	18. 澡堂前厅

19. 布草间

流线、视线、功能轴测图

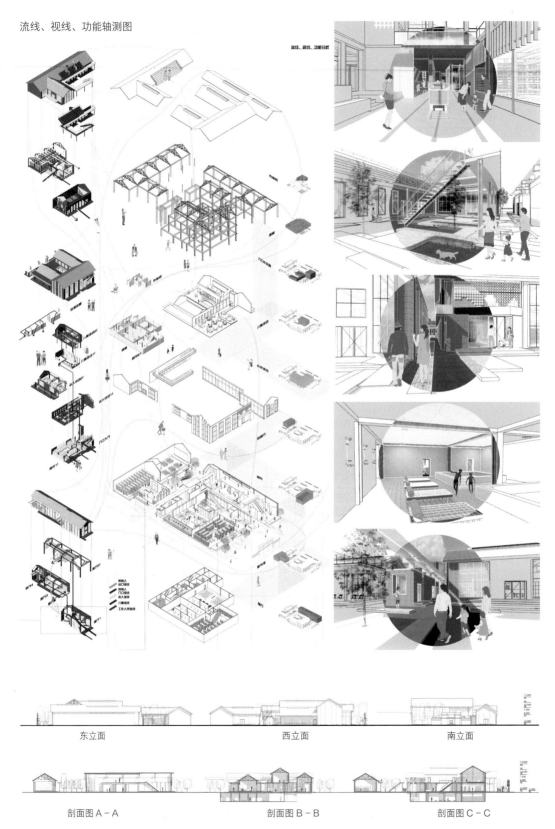

东立面　　　　　　　西立面　　　　　　　南立面

剖面图 A－A　　　　剖面图 B－B　　　　剖面图 C－C

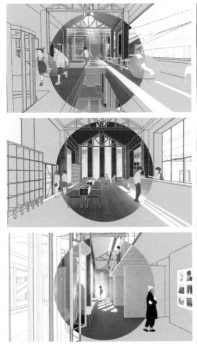

空间的新生——长辛店老镇历史地段更新设计

组员：张颖　　指导教师：王鑫

■ 现状调研分析

区位分析

　　长辛店位于北京市丰台区，处于永定河的西侧，距离市区的广安门13.5km，距离著名的卢沟桥约2km。

　　长辛店老镇有京广铁路、京石高速公路、京周高速公路经过，三者分别穿过老镇的西侧和东侧，因此成为北京市区内和北京西南地区相互交通的重要中转点。

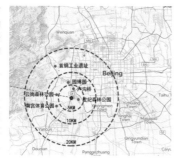

上位规划

永定河绿色生态发展综合规划
北京市总体规划中将永定河定位为"京西绿色生态走廊与城市西南的生态屏障"。

丰台区商业发展规划
规划培育园博园——长辛店商圈；
依托绿色生态优势，发展养老配套产业，开发中老年保健产品；
打造长辛店文化街，带动旅游休闲产业的发展。

丰台分区规划
发展休闲产业、健康产业、文化创意产业；
重点打造长辛店老镇文化街，突出历史文化特色；
体验式旅游与社区参与紧密结合，形成民俗旅游片区。

丰台永定河生态文化新区规划
长辛店生态城，绿色生态与科技创新高度融合；
棚户区改造为契机，古驿站文化品牌为优势，保护性修缮五里长街，打造特色古镇。

历史沿革

文化内涵

由于长辛店由明清至民国一直作为进出北京的重要交通中转站和商贸城镇，工商业非常发达。沿长辛店大街分布着众多的老字号，目前存留有云盛号等。

长辛店老镇是北京胡同最多、最集中的地方之一，胡同大多数都通向五里长街，并且大多数都以"口"命名。命名源于店铺、大街标志性建筑或聚居家族姓氏。

目前，长辛店存留的火神庙、清真寺、娘娘庙、天主教堂等宗教建筑。

近代以来清政府修建了卢沟桥至保定的铁路，并相应地建立了铁路工厂，后来发展为二七机车厂和北京车辆工厂。京汉铁路的服务场所也设在长辛店。

留下了很多工人运动历史遗存。如长辛店大街的刘家铁铺是长辛店工人俱乐部，已经作为国家级文物保护单位。祠堂口胡同一号院是工人劳动补习学校的旧址。

现状分析

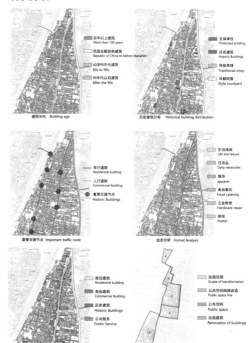

■ 产业解析定位

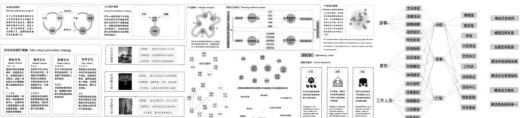

■ 空间策略

院落和路网

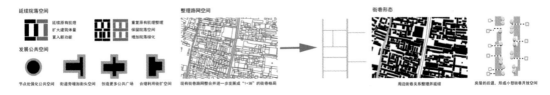

■ 规划目标与完善策略

空间完善策略   概念规划

■ 方案分析

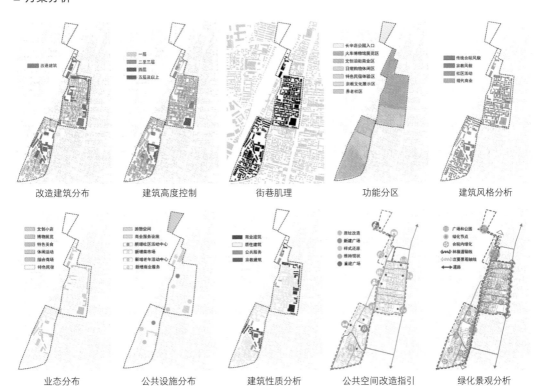

改造建筑分布   建筑高度控制   街巷肌理   功能分区   建筑风格分析

业态分布   公共设施分布   建筑性质分析   公共空间改造指引   绿化景观分析

■ 规划与愿景

平面图

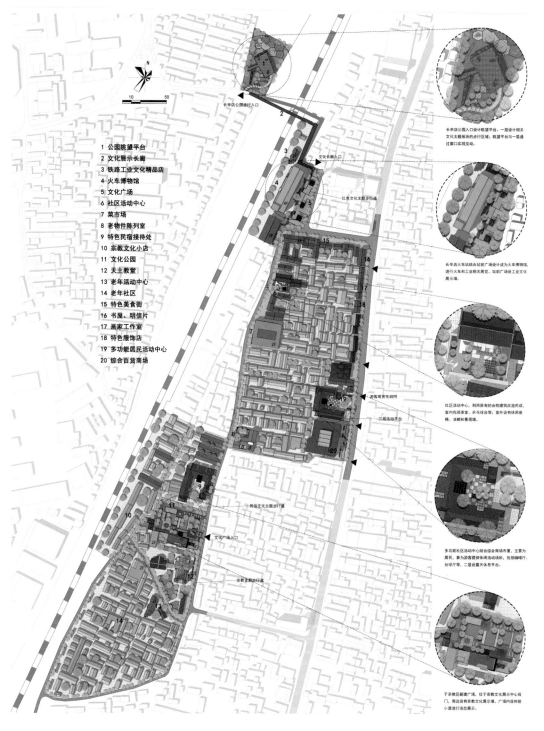

1 公园眺望平台
2 文化展示长廊
3 铁路工业文化精品店
4 火车博物馆
5 文化广场
6 社区活动中心
7 菜市场
8 老物件陈列室
9 特色民宿接待处
10 宗教文化小店
11 文化公园
12 天主教堂
13 老年活动中心
14 老年社区
15 特色美食街
16 书屋、明信片
17 画家工作室
18 特色服饰店
19 多功能居民活动中心
20 综合百货商场

长辛店公园入口设计眺望平台，一层设计相关文化主题板块的步行区域，眺望平台与一层通过窗口实现互动。

长辛店火车站结合站前广场设计成为火车博物馆，进行火车和工业相关展示，站前广场设工业文化展示墙。

社区活动中心，利用原有的合院建筑改造而成，室内包括茶室、乒乓球台等，室外设有休闲座椅、凉棚和景观墙。

多功能社区活动中心结合合商场布置，主要为展民，兼为游客提供休闲活动场所，包括咖啡厅、台球厅等，二层设露天休息平台。

于宗教区新建广场，位于宗教文化展示中心后门，周边设有宗教文化展示墙，广场内设体验小屋进行活态展示。

方案分析

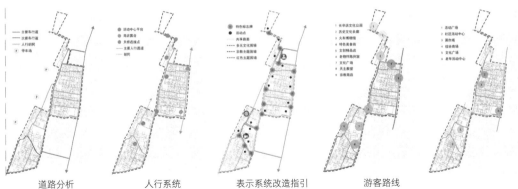

道路分析　　　　人行系统　　　表示系统改造指引　　游客路线

立面图

分层轴侧

火车博物馆　火车站前文化广场　文创小店　历史文化展示长廊　公园眺望平台
北部沿街立面

老年人活动中心　天主教堂　宗教文化展示中心　文化广场　特色民宿
南部沿街立面

综合商场　多功能居民活动中心 咖啡厅　特色服饰店　画家工作室 书屋、明信片店 特色美食街
中部沿长辛店大街立面

空间节点

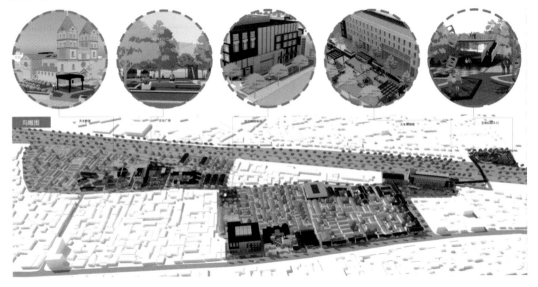

学科交叉，多元探索
——三校本科联合毕业设计的阶段性小结

郑小东

摘　要：校际联合毕业设计是近年来国内建筑与园林设计类院校中积极开展的一项教学实践活动。传统的毕业设计存在着闭门教学的互动性不足、单一专业的综合性不足以及实习式毕业设计理论性不足等问题。为了提高毕业设计教学的质量，北京林业大学与北京交通大学和北方工业大学在联合毕业设计方面已进行了 4 年的有益尝试，积累了较为丰富的教学经验。这一教学活动由开题启动、前期调研、中期评图以及最终答辩四个阶段构成，具有即时性、交叉性、多样性和开放性等特征，对毕业设计乃至整个本科教学都起到了积极的促进作用。当然，联合毕业设计还不可避免地存在一些问题，有待今后不断调整改善。

关键词：联合毕业设计；学科交叉；总结

　　毕业设计在建筑、规划、风景园林、环艺等人居环境专业体系本科教学中占有极其重要的地位和作用，但是近年来传统的毕业设计教学模式问题愈发突出。我校针对毕业设计存在的问题也在积极改革应对，从 2016 年开始，北京林业大学园林学院联合北京交通大学建筑与艺术学院、北方工业大学建筑与艺术学院开展了三校多专业本科联合毕业设计，到 2019 年已进行了四届，取得了丰硕的成果。不过随着联合教学模式的不断推进，新的问题也不断显露出来，制约着联合教学模式进一步发展，针对联合毕业设计教学模式的总结与思考就显得尤为重要。

一、传统毕业设计教学模式的问题

　　我校风景园林专业本科生传统的毕业设计模式基本上可以分为校内教师指导和校外企业导师指导两种。在第一种模式中，一名校内教师指导多名学生，教师依据挑选合适的场地虚拟选题，然后定期进行指导。在第二种模式中，学生直接在校外实习单位完成毕业设计，在毕业答辩前由导师最后把关。这两种传统模式都存在着一定的弊端。[1]

　　首先，校内的闭门教学缺少相互学习与交流。传统上的风景园林专业本科生毕业设计通常由校内指导教师独立指导，学生全过程只跟随该名教师一人进行毕业设计，缺乏与同类型高水平院校及设计企业的沟通交流，导致学生的毕业设计脱离实践，过于理想化而与市场需求相脱节，毕业设计的教学

作者简介：郑小东，北京市海淀区清华东路 35 号北京林业大学园林学院，副教授，zhengxd@bjfu.edu.cn。
资助项目：北京林业大学教育教学研究项目 BJFU2019JY024。

质量也较难掌控。

其次，校内的毕业设计通常都是单一专业的指导教师进行指导，毕业设计的题目也局限于单一专业领域，无法应对当代人居环境的复杂性问题。当前设计类学科的实践复杂性对风景园林专业本科毕业生的要求日益提高，要求其专业知识与时俱进，对城市问题、社会问题、环境问题等各个方面的均需有一定程度的了解和掌握，校内单专业指导教师显然很难胜任，迫切需要引入多学科、多专业的指导教师，形成以风景园林专业教师为主导，建筑学、城乡规划学等多专业老师为支撑的综合指导团队。

最后，在校外进行的毕业设计虽然实践性较强，但缺乏理论高度。学生选择实习的设计院所通常也是其准备就业的单位，在实习过程中参与的实际项目即将来进行答辩的毕业设计。这类题目受到市场因素的制约较大，真实性有余而研究性不足，与学校的教育方针不符。

针对以上问题，我校园林学院发起的联合毕业设计具有较好的改进作用。

二、联合毕业设计的教学程序

联合毕业设计的教学程序主要由开题启动、前期调研、中期评图以及最终答辩四个核心阶段构成。

（一）开题启动

设计选题一般是每年的 12 月由三所学校共同协商确定，开题启动仪式则是在第二年的 3 月在轮值主办院校召开（图 1），三校参加联合毕设的老师和学生齐聚一堂，主办学校宣讲选题，各校的教师会针对选题进行针对性的讲座，并设置答疑环节，回答同学们对选题和场地的各种问题，教学反馈良好。

图 1   2019 年在我校召开的第四届联合毕设启动仪式

（二）前期调研

开题后大约会用 1 个月的时间进行场地调研，并且调研由最初各学校单独调研模式调整为三个学校组合调研模式，极大促进了各校间老师与学生的交流。场地调研后分组制作调研成果，并在最后汇总交流成果内容。以 2016 年联合毕设为例，三校师生联合对浙江省兰溪市黄溢村进行了为期一周的深入调研，走访了当地村民，评估了建筑质量，测绘了重要建筑等（图2）。

图 2　正在进行村落调研的三校师生（2016 年黄溢村）

（三）中期评图

中期评图一般是每年的 4 月在三所学校中择一召开。中期评图主要是前期调研的成果报告、现状问题分析以及概念方案提出，由各学校毕设小组成员共同完成，分别汇报，由各学校混编的答辩组老师及评图嘉宾进行点评（图3）。答辩过程中，教师和学生互动交流效果好。学生在中期汇评图过程中对前期概念进行修整，为后期的设计深化进行准备。

（四）最终答辩

最终答辩一般是每年的 6 月在三所学校中择一举办，答辩的分组与中期评图分组一致。在最终答辩中，主办学校会邀请各校的专家参会，并且组织各校学生在一个集中的地点进行答辩，各校学生和教师进行了充分交流，在学术交流的气氛中，最终答辩有了良好的教学效果（图4）。

图 3　中期评图中评委与学生之间的互动　　　　图 4　最终答辩中我校学生正在讲解方案

三、联合毕业设计的教学特点

（一）课题类型的即时性

三校多专业本科联合毕业设计是一个多层次、全方位的开放体系。在坚持基本教学内容和原则的基础上，每一年都会根据学科动向和社会热点选择新的毕设题目。

2016 年首届三校联合毕设题目选定为"浙江省兰溪市黄湓村村落有机更新规划与建筑设计"，旨在关注全球化的时代背景下，中国的乡村在城市化进程中面临的矛盾与机遇。研究在重新认识当代乡村的人居环境的基础上，如何挖掘自身特色，创造新的、适宜的生存场所。

2017 年第二届联合毕设选择北京大栅栏历史街区作为设计地段，将大栅栏城市遗产视为历史与当代街区发展的动态层叠的成果，在遗产保护为基础上，探讨以街区物质结构、经济活动以及社会公共领域的振兴为目标的修复与更新设计。

2018 年第三届联合毕设选择新时代北京三山五园的保护与发展的多元思考作为毕设题目，以风景园林、城市规划、建筑等多学科多视角对三山五园地区进行历史考证、复原设计、乡村研究、地区规划、景观规划、交通规划、街区整治改造、地段景观设计、重要建筑设计改造等。

2019 年第四届联合毕设选择北京西南郊的长辛店古镇及其周边区域作为研究对象，既有历史古镇的保护与更新，也有工业遗址改造；既有城市片区尺度的规划研究，也有街区尺度的城市设计和风景园林设计，还有单体尺度的建筑改造与设计。

（二）学科专业的交叉性

联合毕业设计一般有多校单专业联合和多校多专业联合两种模式[2]。我校参与联合毕设的教师以园林建筑教研室为主，学生以风景园林专业为主，还有部分城乡规划专业的师生；北京交通大学和北方工业大学则以建筑专业的师生为主，充分发挥了三所学校在教学特色和专业特长方面的不同，相互学习，相互促进。突破专业界限、强调专业协作、实现跨专业联合教学，成为三校联合毕业设计的重要特色。

在当今的时代背景下，人居环境的设计实践面临着与多领域合作和跨学科综合发展的挑战。要培养一名顺应时代发展的优秀设计师，不能仅局限于本学科内部的知识体系，而是要培养学生"在知识的一切领域中运用整体或者系统来处理复杂性问题，这将是科学思维的一个根本改造"[3]。建筑学、城乡规划学和风景园林学是人居环境科学体系（图5）下的3个核心学科，无论是这3个学科中哪个学科的从业者，均需对另外两个学科有着相当程度的了解。当然对每一个相关学科或外围学科全部掌握是不可能也是不必要的；但在进行科学研究或规划设计的过程中，学科之间的交叉并举是非常必要并切实可行的，这就是吴良镛先生提倡的"融贯的综合研究"。"融贯"可以理解为对本学科核心知识的融会贯通；"综合"可以理解为对相关学科部分知识的"综合集成"，进而求得人居环境问题的全面解决[4]。

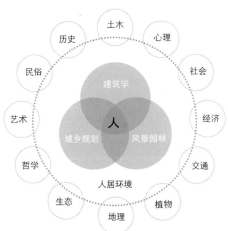

图 5　人居环境科学体系

以我校为例，培养园林专业学生的建筑素养需要宽泛而扎实的建筑设计基础知识 [5]。联合毕业设计涵盖三校的风景园林学、城乡规划学和建筑学 3 个一级学科，在理论架构和知识梳理上，真正实现了多学科体系的交叉与综合。

（三）参与主体的多样性

联合毕设的教师团队来自不同的学校、不同的专业。对于教师团队本身，本课程也是一次多专业间相互了解、相互学习的好机会。评图嘉宾除了本校的教师之外，在重要的课程节点，还邀请了校外的专家参与评图。这些专家有来自其他高校的教师，也有来自业界的设计师；既有设计单位的建筑师、规划师、风景园林师，也有来自政府部门的官员学者。这些校外专家和校内教师一起，组成了多学科交叉综合的授课主体。

本次课程另一重要的主体——参加毕业设计的学生也不局限于单一专业，而是面向建筑、风景园林、城乡规划三个专业开放，其中北京林业大学参加的主要为风景园林与城乡规划专业的学生，北京交通大学和北方工业大学主要为建筑学专业的学生。学生分组时也是要求各专业学生交叉混合，力求每一个小组都有不同专业的学生，每组 6～7 人，以小组为单位提交设计成果。

（四）教学方式的开放性

在联合毕业设计教学实践活动中，重要的节点会邀请富有实践经验的知名设计师和其他院校的知名教师参与公开评图。开放式评图要比在常规设计课中知识和技能的传授更能激发学生的设计热情和独立思考的能力。

整个毕业设计过程有 2 个重要的评图环节，一个是中期评图，另一个是最终答辩。公开评图对学生而言是压力更是动力。国内外很多建筑院校的评图都像一个盛大的节日，都具有相当的仪式感。在公开评图中，不论是教师还是学生的正式着装，还是评图和展示空间的布置，都为整个过程营造出一种庄重而开放的仪式感。我们需要借助这种仪式感去调动学生的主观能动性和成就感。评图的气氛热烈而开放，来自不同专业教师的热烈点评，师生间的平等讨论，校外设计师、学生参与观摩，媒体的报道，都使之成为一场思想的盛会。教学全过程所展现出的庄严性，激发了学生对自我创造力和成果的珍视，转化成对设计的巨大热情和动力。公开评图的过程也是一个展示的过程，学生们在面临市场和社会选择的情况下必须要学会展示自己，这同时也是教师团队展示自身的大好机会。[6]

四、联合毕业设计对本科教学的推动作用

经过四年的实践摸索，联合毕业设计对本科教学的改革与发展起到了显著的促进作用。

（一）提高了毕业设计的教学水平

在开展联合毕设之前，毕业设计选题多为中等尺度的公园绿地规划与设计，毕业设计任务和成果要求都相对单一。联合毕设出于团队合作和专业联合的需要，从一开始就确定了较高的设计难度和教学目标。以参加联合毕设的我校学生成果为例，无论选题难度、设计要求．成果要求还是答辩要求，都远超过校内其他学生的毕业设计水平。

（二）拓宽了参与师生的专业视野

三校联合毕业设计的多专业联合模式，有效地打破了专业局限，拓展了师生的专业视野。在人居

环境学科群中，城乡规划专业的学生长于管理经营，善于分析而短于具体形态；建筑专业的学生长于工程技术，善于小尺度空间组合而缺乏城市视野；风景园林专业的学生长于植物生态，善于平面构思而缺乏空间想象。经过多专业联合毕设的锻炼，来自三个专业的学生能够打破壁垒，取长补短，最终完成包含规划、建筑、风景园林三专业内容的综合性成果。

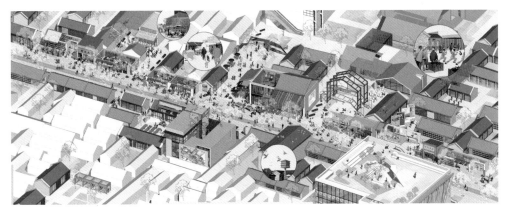

图6 北京林业大学学生的优秀毕业设计

（三）促进了设计课程的教学改革

在进行联合毕业设计的同时，各校之间也进行了更加广泛的教学交流活动。虽然同处北京市，但在开展联合毕业设计之前三个高校的专业交流并不频繁。依托三校联合毕业设计活动，教师们进行了充分的学术交流，相互了解了每个学校的课程设置和教学特色，促进了本校设计课程的教学改革。

五、联合毕业设计的改进思考

经过这几年的实践摸索，由我校发起的三校多专业联合毕业设计取得了丰硕的成果，教学模式已初步成型。三校教师通过浙江省兰溪市黄溢村村落有机更新与建筑设计、北京大栅栏历史街区景观环境修复提升与建筑利用和更新设计、新时代北京三山五园的保护与发展的多元思考、长辛店片区城市环境更新规划设计为题目，充分激发学生的创造力、锻炼学生的研究和设计精神，并在此基础上提出探讨城市未来发展的设计构思。

当然，联合毕设在取得良好教学效果的同时，也不可避免地存在一些问题，有待今后进一步调整改善。问题一，各专业在不同设计阶段的参与度不同，导致多专业之间协作困难的问题依然存在，为此我们将探索混合分组、分阶段出成果等方式进行化解。问题二，联合毕设规模小，不能覆盖全部学生，对普通毕业设计模式造成一定的冲击，对此我们将发动教师们的积极性，开展更多的、与不同学校的联合毕业设计教学，期望更多的师生能参与进来。问题三，联合毕业设计的最终答辩虽然仪式感较强，但不具有官方效力，学生仍需参加学校统一组织的答辩，为此我们将与学校有关部门进一步协调，争取早日取得学校的认可。

总的来说，三校联合毕业设计以当前学科发展的前沿思想与理论为基础，整合了各院校、各专业的教学资源，以开放式的教学内容和手段，已初步建立了一套较为系统的教学模式，充分体现了课程选题的即时性、学科专业的交叉性、参与主体的多样性以及教学方式的开放性等特点，提高了教学效率，提升了教学质量，也加强了教师团队的交流和建设，为建筑、风景园林、城乡规划专业的教学教研提供了积极的参考。

参考文献

[1] 汪勇政. 工学类城乡规划专业毕业设计联合教学模式初探 [J]. 高教学刊，2016（11）：24-25.

[2] 尤涛，邸玮. 联合毕业设计的教学经验与思考 [J]. 中国建筑教育，2014（2）：73-79.

[3] 冯·贝塔朗菲. 一般系统论 [M]. 林京义，魏宏森，等，译. 北京：清华大学出版社,1987.

[4] 吴良镛. 人居环境科学导论 [M]. 北京：中国建筑工业出版社，2001.

[5] 董璁. 关于园林专业建筑设计教学的思考 [J]. 中国园林，2008（09）：64-65.

[6] 郑小东. 多学科交叉的整体人居环境设计 [J]. 风景园林，2015（1）：70-74.

Integrated Disciplines and Multiple Exploration:
Interim Summary of the Joint Graduation Design of Three Universities

Zheng Xiaodong

Abstract: Inter-university joint graduation design is an active teaching practice in architecture and landscape architecture schools in China in recent years. There are some problems in the process of traditional graduation design, such as insufficient interaction of closed-door teaching, insufficient integration of single major and insufficient theoretical nature of the practice-based design. In order to promote the quality of graduation design, Beijing Forestry University, Beijing Jiaotong University and North China University of Technology have made three years of beneficial attempts in joint graduation design, and accumulated rich teaching experience. This teaching activity is composed of four stages, opening ceremony, survey, mid-term review and final review. It has the characteristics of immediacy, intersecting, diversity and openness. It has played a positive role in promoting the graduation design and the whole undergraduate professional teaching. Of course, there are still some problems in the joint graduation design, which need to be adjusted and improved in the future.

Key words: joint graduation design; integrated disciplines; summary

成果编纂

负责人：程瑜佳

参与人（按姓氏首字母排序）：

戴伟斌　　丁浩然　　董星辰

谷　雨　　关心童　　胡晓璇

琚京蒙　　李晨阳　　刘星辰

钱　艺　　宋　莹　　杨若凡

杨轶伦　　张舒钰　　张　颖

张钰哲　　郑巧侬